Sheet Resistance(면저항) 측정장치 제작

실험에 필요한 측정과 제어

염 효 영 저

도서출판 상 학 당

머리말

실험실에서는 항상 여러 가지 물리량을 측정한다. 어떤 물리량을 측정하느냐에 따라 측정하는 방법과 측정장비가 결정된다. 특히 정밀도에 따라 많은 부분이 달라지며 측정을 할 수 있는 부분과 없는 부분도 나뉘게 된다.

특히 실험 조건을 바꾸면서 반복 측정하는 경우나 오랜 시간 동안 측정하는 경우는 사람이 할 수도 있지만, 제어장치를 만들고 이를 통해서 측정을 자동화하면 사람에 의한 측정 실수가 없어서 정확한 측정 자료를 얻을 수 있고, 측정하는 동안 다른 일을 할 수 있어 효율을 극대화할 수 있다.

이 책에서는 센서와 제어장치 등을 마이크로 컨트롤러를 이용해서 필요한 측정을 할 수 있도록 안내하는 데 그 목적을 두었다.

이 책에서 사용하는 마이크로 컨트롤러는 많은 마이크로 컨트롤러 중에서 가장 많이 알려지고 사용하기 편한 ATmega328을 기반으로 한 Arduino를 선택했다. 2장에 Arduino의 사용법과 이를 이용한 측정과 제어하는 방법을 여러 가지 예를 이용해서 설명했다.

또한 이 책에서는 통신 부분을 중요하게 다루며 여러 가지 예를 들어 설명했다. 이것은 측정할 때 센서나 여러 측정장치 또는 A/D 컨버터 등 주변 장치와 명령과 데이터를 주고받는 통신을 해야 하므로 여기에 필요한 여러 가지 통신방법을 설명했다. 마이크로 컨트롤러에 명령을 내리고 수집한 데이터를 받기 위한 마이크로 컨트롤러와 PC와의 통신방법도 설명했다.

Arduino에는 16비트 A/D 컨버터가 내장되어 있으나 정밀한 측정을 하기에는 많이 부족하다. 따라서 실제 정밀측정에 사용할 수 있는 24비트 A/D 컨버터 ADS1256 사용방법을 넣었다.

마지막으로 박막의 전기적 특성을 측정하는 장치로 Sheet Resistance 측정장치를 만들어 사용하는 방법을 설명했다.

저자 올림

차 례

Chapter Ⅰ. 총 론

Chapter Ⅱ. Arduino를 이용한 측정과 제어

Chapter

I 총 론

1. 측정의 목적
2. 측 정

1. 측정의 목적

물리는 자연에서 나타나는 여러 가지 현상을 논리적으로 설명하는 학문이다. 또한 실험은 제시된 이론을 검증하기 위한 아주 중요한 방법으로 쓰인다.

실험을 한다는 것은 어떤 물리량을 측정하는 것이고, 측정은 기기를 이용해서 측정하려는 물리량을 수치화해서 나타내는 것을 이야기한다. 이렇게 얻은 물리량은 여러 현상들을 설명하는 기초가 된다. 따라서 어떤 현상을 설명하기 위해 측정이 필요하며, 측정의 정확도에 따라 설명의 신뢰도가 달라질 수 있다.

2. 측 정

측정은 어떤 물리량을 측정장치를 이용해서 숫자로 표시한 것이다. 우리가 측정하는 물리량은 단위를 지니고 있으나 그 단위는 측정을 통해서는 알 수 없고, 측정하려는 물리량은 이미 단위가 정해져 있어서 측정은 물리량의 숫자를 알아내는 것이다.

물리량 = 숫자 · 단위

일반적으로 자연계에 존재하는 물리량은 연속적인 아날로그 값으로, 이 값을 수치화하기 위해서는 AD 컨버터를 사용한다.

디지털 장치를 이용해서 어떤 물리량을 측정하기 위해서는 그 물리량을 측정할 수 있는 센서를 사용한다. 이 센서들은 특별한 경우를 제외하면 측정된 물리량을 전압으로 바꾸어서 출력한다. 그 이유는 디지털 장치에서 측정은 아날로그 값을 디지털 값으로 바꾸어주는 A/D 컨버터를 사용하는데 일반적으로 사용되는 A/D 컨버터는 전압을 입력신호로 사용하기 때문이다.

보통 대부분 센서는 측정 물리량을 전압으로 바꾸어주고 그 값을 A/D 컨버터를 통해서 숫자로 바꾸어주므로 우리가 측정한 물리량은 전압이 된다. 따라서 센서에서 출력된 전압을 측정하려는 물리량 단위로 변환해야만 원하는 측정값을 얻을 수 있다.

2.1 전압, 전류, 저항 측정

전류, 전압 그리고 저항 사이의 관계를 정의한 옴의 법칙으로 이들 셋 중에서 두 개를 알면 나머지 하나는 계산으로 알 수 있다. 만일 저항을 알고 싶다면 전압과 전류를 측정해서 알 수 있고, 전류를 알고 싶다면 전압과 저항을 알면 알 수 있다.

먼저 저항을 측정하는 방법을 보자. 저항은 저항에 걸리는 전압과 전류를 측정하고, 측정된 전압을 전류로 나누면 저항을 알 수 있다.

일반적인 미지저항을 측정하는 방법은 전압계와 전류계를 이용하는 방법으로 그림 2.1과 같은 회로를 사용한다. 회로에 전압계를 미지저항 양단에 연결해서 미지저항에 걸리는 전압을 측정하고, 전류계를 미지저항과 직렬로 연결해서 미지저항에 흐르는 전류를 측정한다. 그리고 측정한 전압을 측정한 전류로 나누어주면 미지저항을 알 수 있다.

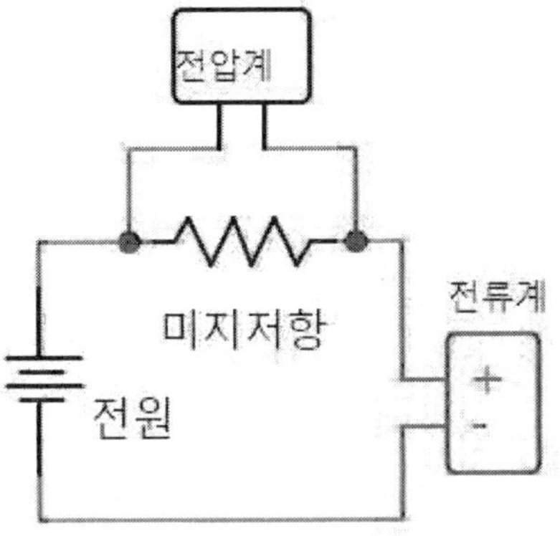

[그림 2.1] 미지저항 측정

그러나 실제 측정에서는 전압을 측정하는 A/D 컨버터는 있지만 직접 전류를 측정하는 A/D 컨버터는 없다. 물론 전류를 전압으로 변환해주는 센서는 있지만(이것 역시 표준저항을 직렬로 넣고 표준저항 양단에 출력이 있다) 특별히 사용할 이유가 없다. 그 이유는 표준저항을 이용하면 간단히 전압을 측정해서 전류를 알 수 있기 때문이다. 따라서 그림 2.1 회로를 전류계를 사용하지 않고 표준저항과 전압계를 이용해서 전류를 측정하는 회로로 바꾸어야 한다.

그림 2.2에 전류계 대신 표준저항을 이용해서 전류를 측정하는 회로가 있다.

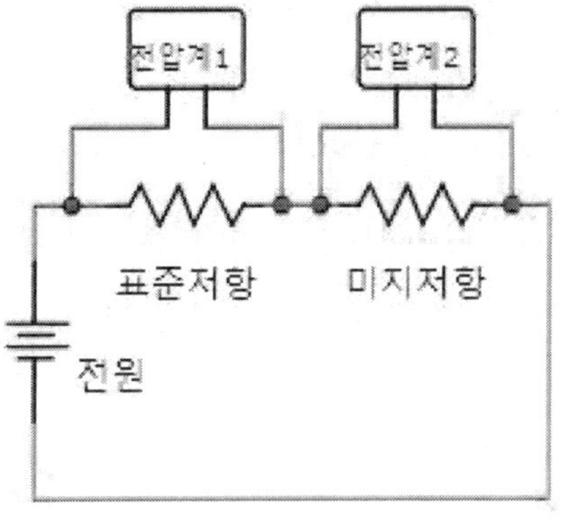

[그림 2.2] 전류와 미지저항 측정

그림 2.1 회로에 정확한 저항값을 알고 있는 표준저항을 미지저항과 직렬로 연결해서 만든 회로가 그림 2.2이다. 이 회로에서 표준저항에 걸린 전압을 전압계 1로 측정하고, 이 전압을 이미 알고 있는 표준저항으로 나누면 표준저항에 흐르는 전류를 알 수 있다.

또한 표준저항과 미지저항은 직렬로 연결되고 다른 회로가 없으므로 두 저항에 흐르는 전류는 같다. 따라서 이렇게 얻은 표준저항에 흐르는 전류를 미지저항에 흐르는 전류로 사용하면 된다. 미지저항에 걸린 전압을 전압계 2로 측정하고, 이 전압을 이미 측정한 미지저항에 흐르는 전류로 나누면 미지저항을 알 수 있다.

단위를 점검하면 미지저항에 걸린 전압은 전압으로 [V] 단위를 지닌다. 표준저항에 걸린 전압도 [V] 단위를 지니고 표준저항은 [Ω] 단위를 지닌다. 또한 표준저항에 걸린 전압 [V]를 표준저항 [Ω]으로 나누면 단위는 [A 암페어]가 된다. 따라서 미지저항은 미지저항에 걸린 전압 [V]를 표준저항에 흐르는 전류 [A]로 나누어 얻는다. 따라서 미지저항 단위는 전압[V]/전류[A]로 [Ω]이 된다.

2.2 온도 측정

제베크 효과를 이용한 열전쌍을 이용하면 온도가 전압으로 출력되어 전압을 읽고, 그 전압에 해당하는 온도로 변환하면 온도를 측정할 수 있다.

높은 온도를 조절하기 위한 실험장치는 직접 열전쌍을 연결하고, 열전쌍에서 나오는 출력을 A/D 컨버터에 연결해서 전압을 읽고, 그 값을 온도 테이블을 이용해서 온도로 변환해야 한다. 이 부분은 다른 기회에 다루기로 한다.

그러나 높은 온도가 아니라 실온에서 ±30°정도를 알아야 한다면 마이크로 컨트롤러가 내장된 센서를 사용하면 아주 편리하다. 이런 센서는 직접 디지털통신으로 값을 보내어 단위 변환 등을 고려하지 않아도 된다. 예로 2.9.1.3 절에 AM2320 온도 습도 센서에 대해서 자세히 설명했다(→ p.108 참조).

2.3 거리 측정

거리 측정은 초음파센서를 이용해서 초음파를 발사하고, 발사된 초음파가 물체에 맞고 반사되어 돌아오면 초음파가 발사된 순간부터 돌아온 순간까지 시간을 측정해서 음속 340m/s에 시간(s)을 곱하면 왕복거리가 되고, 이 거리를 2로 나누면 센서에서 물체까지 거리를 알 수 있다. 대표적인 거리 측정 센서로 HC-SR04가 있다.

2.4 가속도 측정

가속도 측정은 어떤 물체가 운동할 때 받는 가속도가 얼마인지를 알려주는 센서로 MEMS(Micro Electro Mechanical Systems) 기술을 이용해서 만든 센서다. 이런 센서는 모두 마이크로 컨트롤러가 내장되어 디지털 데이터 형태로 출력이 된다. 예로 2.9.1.2 MPU-6050 자이로 가속도 센서에서 자세히 설명했다(→ p.100 참조).

2.5 센서와 측정값

어떤 물리량을 측정하는 경우 그 물리량에 해당하는 단위가 있다. 앞에서 본 전류는 표준저항과 측정된 전압으로 계산해서 전류를 알 수 있고, 계산중에 저절로 단위는 변환된다. 온도 측정의 경우도 전압과 온도 테이블을 이용해서 전압을 온도로 바꾸며 단위도 같이 변환된다. 그러나 모든 센서가 측정 물리량의 단위를 제공하지는 않는다.

예를 들면 광센서의 경우 출력은 전압으로 빛의 세기와 전압이 거의 비례하지만 정확히 광량의 단위로 변화하는 테이블이 제공되지 않는 것이 대부분이다.

일반적인 빛 센서의 용도가 절대적인 밝기를 측정하려는 것이 아니므로 문제가 없지만, 만일 실험실에서 빛의 밝기를 기록할 필요가 있다면 출력전압과 밝기 사이의 변환 테이블이 필요하다.

광센서로 많이 사용되는 것 중에 Cds가 있는데 이것은 빛의 밝기에 따라 저항값이 변하게 된다. 이 센서는 빛의 밝기와 저항이 비례하지 않으므로 빛의 밝기를 측정하는 데 사용할 수 없다. 이 센서는 어두워지면 켜지고, 밝아지면 꺼지는 야간점등 조명등에 센서로 주로 이용된다.

BH1750은 내부에 마이크로 컨트롤러가 내장된 광센서로 I2C 디지털 데이터로 값을 출력하며 lux 단위로 출력된다. 이와 같이 측정 목적에 맞고 측정 단위를 잘 고려해서 센서를 선택해야 한다.

Chapter

II

Arduino를 이용한 측정과 제어

1. Arduino(ATmega328p)
2. Arduino 사용방법
3. 24비트 AD 컨버터 ADS1256
4. PC와 통신
5. 면저항 측정장치

1. Arduino(ATmega328p)

Arduino는 Atmel에서 만든 AVR Microcontroller family 중 하나로 8-bit RISC Microcontroller와 ROM, RAM, EEPROM flash memory, ADC, DAC와 GPIO 등이 내장되어 있다.

대표적인 것이 Atmega328p로 그 특징은 다음과 같다.

- 32kbytes self-programmable flash program memory
- 1kbyes EEPROM
- 2kbyte internal SRAM
- 2개의 8-bit 타이머/카운터
- 1개의 16-bit 타이머/카운터
- 실시간 카운터와 독립된 발진기
- 6개의 PWM 채널
- 8 채널 10-bit ADC
- Master/Slave SPI 인터페이스
- Interrupt and wake-up on pin change

그림 2.1.1과 2.1.2에 Atmega328p 칩의 pin out을 나타냈다. 또한 Atmega328p 칩에 인터페이스를 연결해서 usb 포트를 통해 컴퓨터와 연결하도록 만든 Arduino 보드는 그림 2.1.3과 같다.

Arduino 보드는 회로 연결용 브레드보드에 필요한 소자를 연결하고 점프 선으로 Arduino 보드의 포트에 연결해 회로를 구성하면 쉽게 테스트를 할 수 있도록 구성되어 있다.

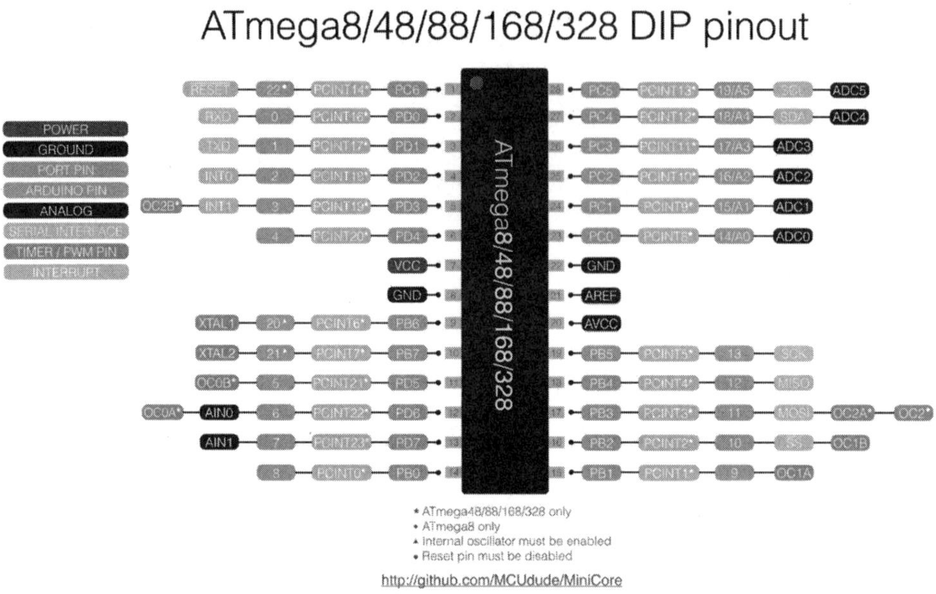

[그림 2.1.1] Atmega328p Pinout (28pin PDIP)

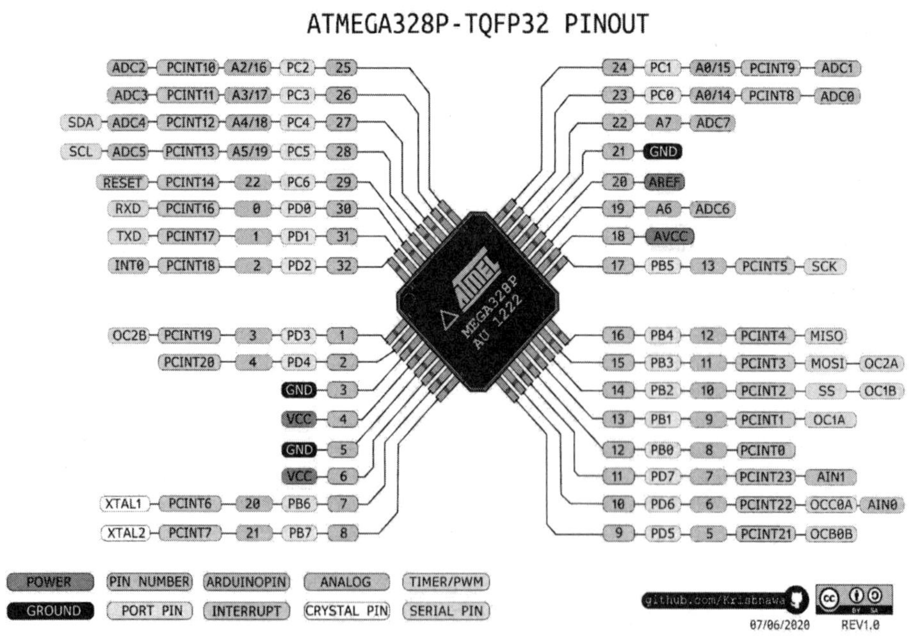

[그림 2.1.2] Atmega328p Pinout (32pin TQFP)

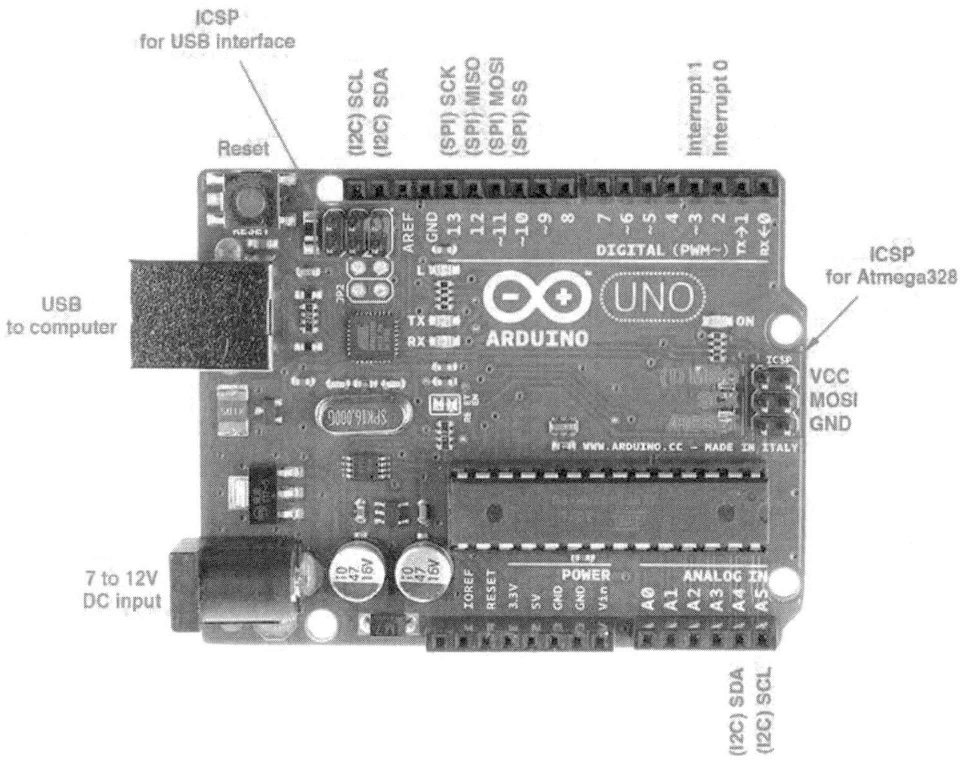

[그림 2.1.3] Arduino UNO R3 보드

Arduino 보드 종류에 따라 Arduino UNO R3, Arduino Mega 2560, Arduion Due, Arduino Micro, Arduino Nano 등이 있다. 특히 Nano family와 MKR family는 내장된 기능에 따라 여러 종류가 있어서 용도에 따라 선택해서 사용하면 된다.

여기에서는 가장 기본이 되는 Arduino UNO R3를 기준으로 설명과 실험을 진행하므로 다른 보드들은 각 보드에 따른 참고자료를 보기 바란다.

2. Arduino 사용방법

Arduino는 포트와 연결된 여러 가지 회로를 프로그램을 이용해서 제어할 수 있어 필요에 따라 회로설계와 프로그램을 만들면 많은 일들을 할 수 있다. 이 장에서는 회로의 구성방법과 Arduino 연결방법 그리고 회로를 제어하기 위한 프로그램 작성방법을 알아보자.

- 먼저 프로그램을 arduino 사이트에 들어가서 받고 설치한다.
  https://www.arduino.cc/en/software
- 프로그램은 사용하는 PC의 OS에 맞는 것을 받아서 설치한다.
- 프로그램 실행 시 그림 2.1과 같은 방화벽 경고가 뜨면 모두 허용해 주어야 한다.

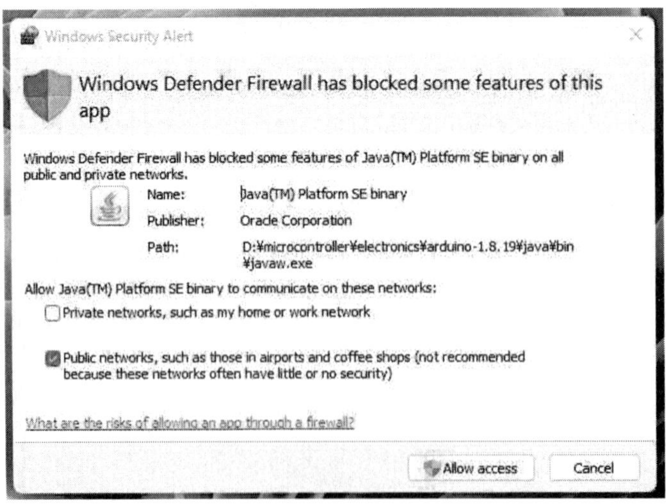

[그림 2.1] 방화벽 경고

▸ 실행된 프로그램 창은 그림 2.2에 보였다. 여기에 우리가 필요한 제어용 코드를 작성하고 컴파일 후 Arduino에 usb 포트를 통해 넣으면 된다. 그 방법은 앞으로 하나씩 설명한다.

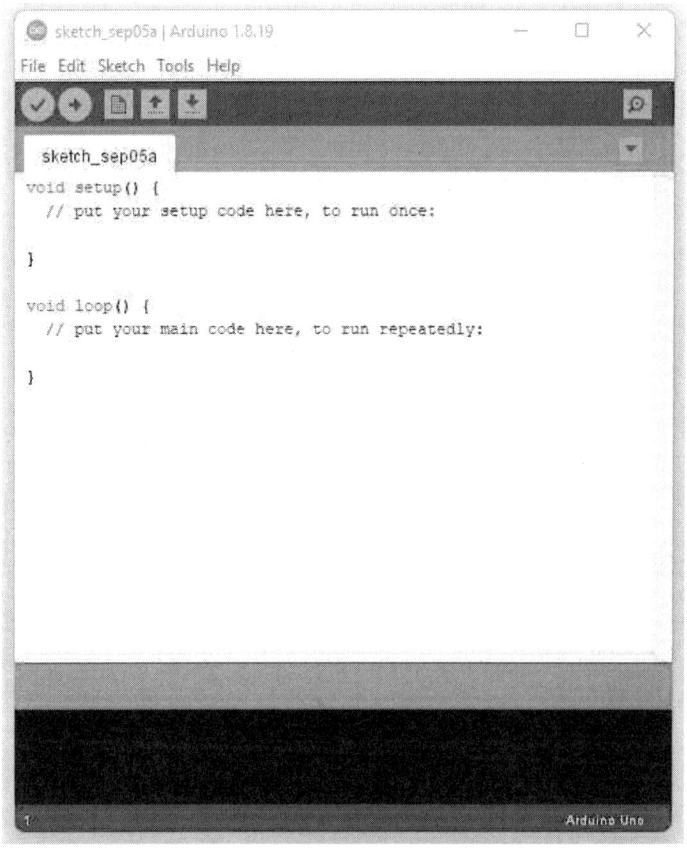

[그림 2.2] Arduino IDE 실행화면

2.1 LED 제어

가장 간단한 제어회로와 프로그램을 이용해서 LED를 켜고 끄는 제어를 해 보자. 그림 2.1.1과 2.1.2은 회로 연결방법이다. 둘 다 2번 포트를 출력으로 사용하고, 그 신호로 LED를 켜고 끄게 했다. 그림 2.1.2의 회로에서는 트랜지스터를 이용하여 LED를 켜고 껐지만, 그림 2.1.1 회로는 직접 포트 출력으로 LED를 켜고 끈다.

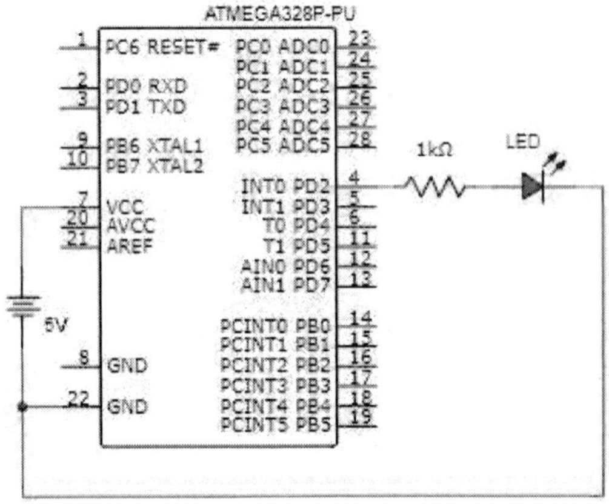

[그림 2.1.1] LED 제어회로 1

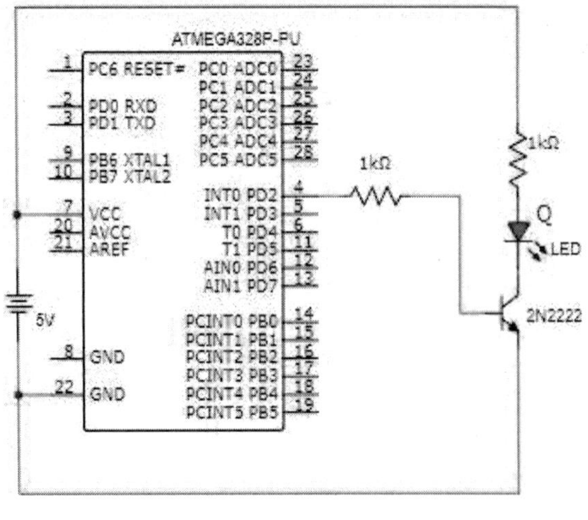

[그림 2.1.2] LED 제어회로 2 (트랜지스터 사용)

Atmega328 칩은 포트 출력이 최대 40mA로 LED를 구동하기에 전류가 충분하므로 직접 LED를 포트에 연결해도 된다. 그러나 포트 출력전류가 장치를 구동하는데 충분한 전류를 공급하지 못한다면 그림 2.1.2와 같이 트랜지스터를 연결해서 장치를 구동해야 한다. 일반적으로 LED같이 특별한 경우를 제외하면 포트에 직접 장치를 연결하지는 않는다.

프로그램에서 LED를 켜고 끄는 방법은 LED가 연결된 2번 포트에 1과 0을 출력하면 된다. 1을 출력하면 2번 포트에 5V가 걸려 2번 포트에서 저항과 LED를 통해 GND로 전류가 흘러 LED가 켜지고, 0을 출력하면 2번 포트는 0V가 되어 GND와 같은 전위로 전류가 흐르지 않아 LED가 꺼진다.

Arduino에서는 C언어를 사용하고, LED를 켜는 프로그램은 다음과 같다.

Arduino에 들어가는 프로그램은 두 부분으로 구성된다. 한 부분은 void setup() 이고, 다른 한 부분은 void loop() 이다.

setup()에는 프로그램 실행에 필요한 설정을 넣고 loop()에 반복할 프로그램을 넣는다.

여기에서는 setup()에 우리가 사용하는 2번 포트를 출력으로 설정하는 코드를 넣고 loop()에 2번 포트에 1을 출력하는 코드를 넣는다.

```
void setup() {
pinMode(2, OUTPUT); //2번 포트를 출력으로
}
void loop() {
digitalWrite(2, HIGH); //2번 포트에 1을 출력
}
```

이 코드를 넣으면 2번 포트에 연결된 LED가 켜진다. 그러나 꺼지지는 않는다.

LED를 끄는 코드는 다음과 같다.

```
void setup() {
pinMode(2, OUTPUT); //2번 포트를 출력으로
}
void loop() {
digitalWrite(2, LOW); //2번 포트에 0을 출력
}
```

위 코드를 넣으면 켜지는 것만 되고 아래 코드는 꺼지는 것만 되므로 이 두 코드를 합쳐서 0.5초마다 켜지고 꺼지는 코드를 만들어 보자.

0.5초를 기다리는 명령어는 delay(500)이다. delay 안에는 ms 단위로 시간을 넣어주면 된다. 여기서 500은 500ms로 0.5초에 해당한다. 만일 1초를 기다리려면 1000ms가 1초이므로 1000을 넣으면 된다.

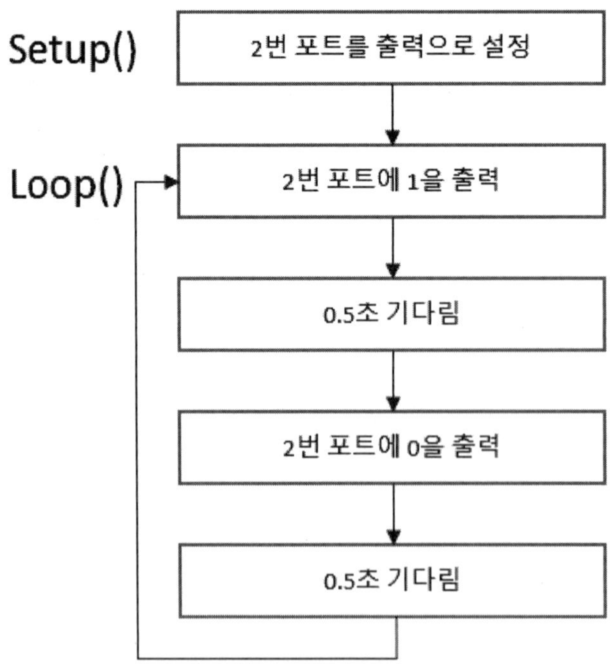

[그림 2.1.3] LED 점멸 플로차트

전체 코드는 다음과 같다.

```
void setup() {
 pinMode(2, OUTPUT); //2번 포트를 출력으로
}
void loop() {
 digitalWrite(2, HIGH); //2번 포트에 1을 출력
 delay(500); //0.5초 기다림
 digitalWrite(2, LOW); //2번 포트에 0을 출력
 delay(500); //0.5초 기다림
}
```

프로그램을 Atmega328 칩에 넣기 위해 몇 가지 세팅이 필요하다.

먼저 Board를 설정해야 하는데 지금 우리가 사용하는 Board는 Arduino UNO로 그림 2.1.4와 같이 선택한다. (Tool → Board)

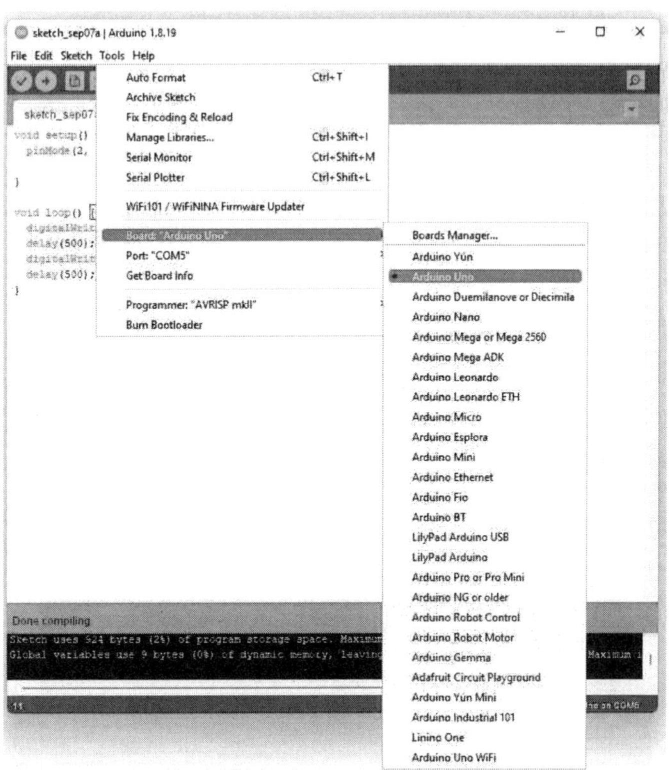

[그림 2.1.4] Board 선택

Arduino Board와 PC를 USB 포트로 연결하고 PC에서 device manager를 실행하면 그림 2.1.5와 같이 Arduino가 연결된 COM port를 확인할 수 있다. 그리고 Arduino Board가 연결된 포트를 선택한다. (Tool → Port)

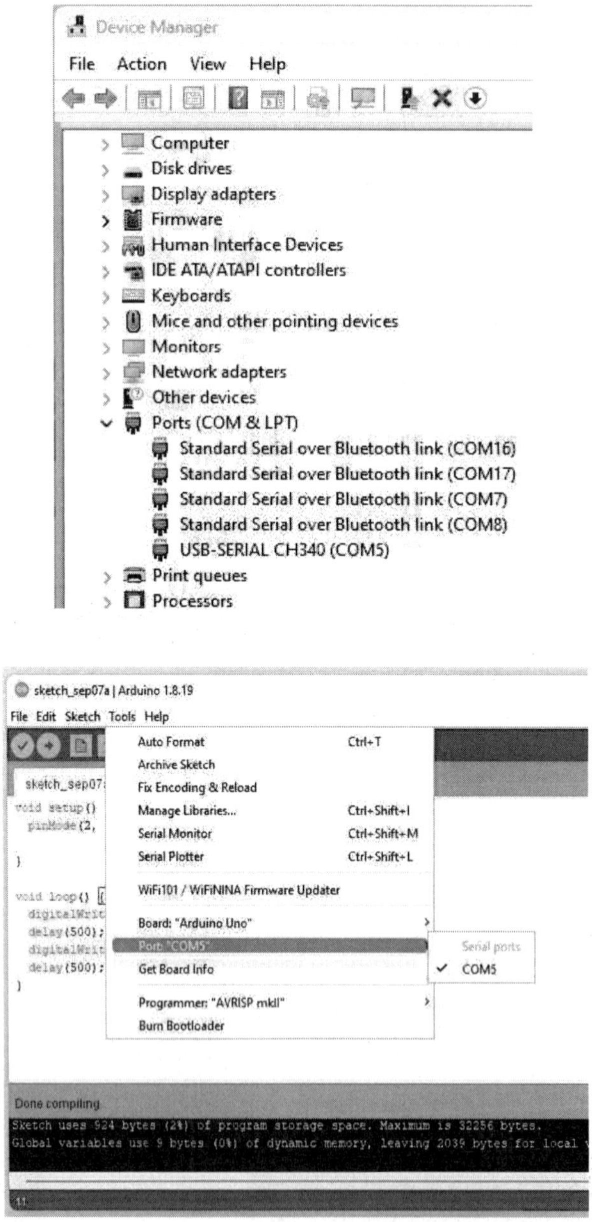

[그림 2.1.5] USB 포트 선택

프로그래머는 그림 2.1.6과 같이 AVRISP mkII를 선택한다. (Tool → Programmer)

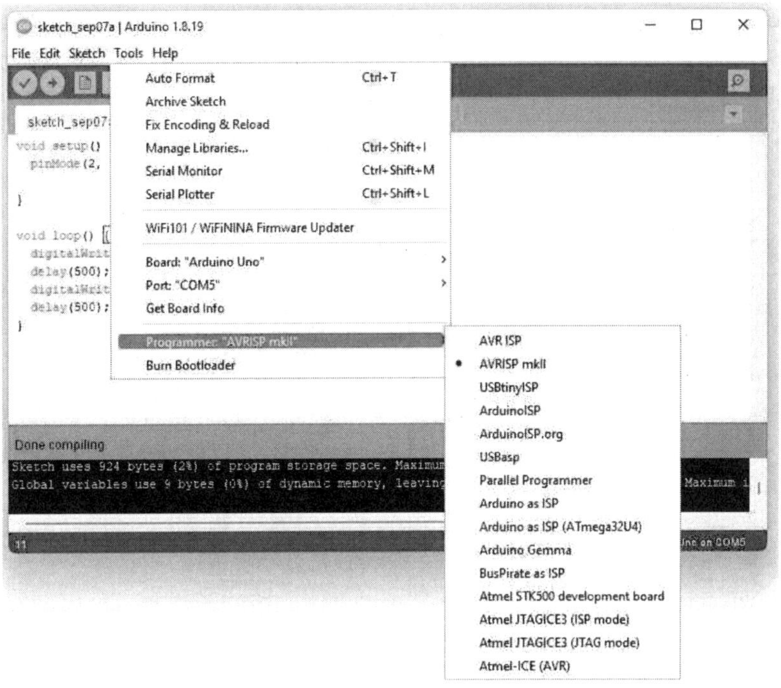

[그림 2.1.6] 프로그래머 선택

모든 설정 후 프로그램을 컴파일하고 Arduino Board에 올리면 된다. 메뉴에서 체크 버튼을 누르면 컴파일이 되고, 컴파일 후 에러가 없으면 메뉴의 체크 버튼 오른쪽에 오른쪽 화살표 버튼을 눌러 프로그램을 올리면 된다. 또한 메뉴의 sketch 버튼을 눌러서 기능을 선택해도 된다.

[그림 2.1.7] 그림 2.1.1 회로를 연결 후 프로그램을 실행

그림 2.1.7은 그림 2.1.1 회로를 연결하고 프로그램을 올려서 실행한 사진이다.

그림 2.1.8은 그림 2.1.2의 회로를 연결하고 프로그램을 실행한 사진이다. 여기서는 트랜지스터와 외부 전원을 이용해서 회로를 구성했다. 트랜지스터는 NPN형 2N222를 사용했고 트랜지스터 핀 구성은 그림 2.1.9에 있다.

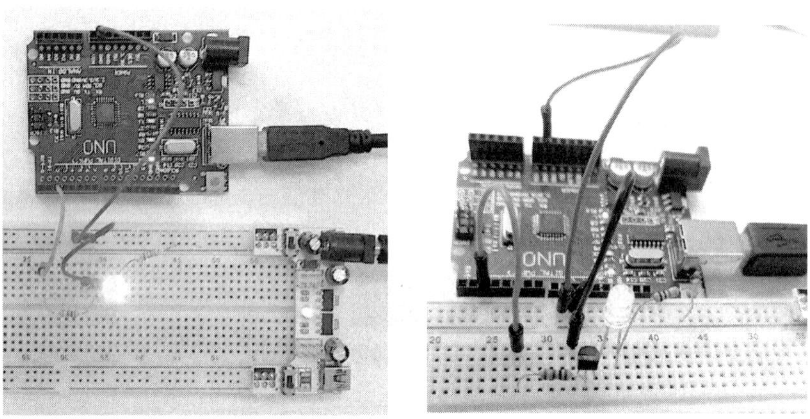

[그림 2.1.8] 그림 2.1.2 회로를 연결 후 프로그램을 실행

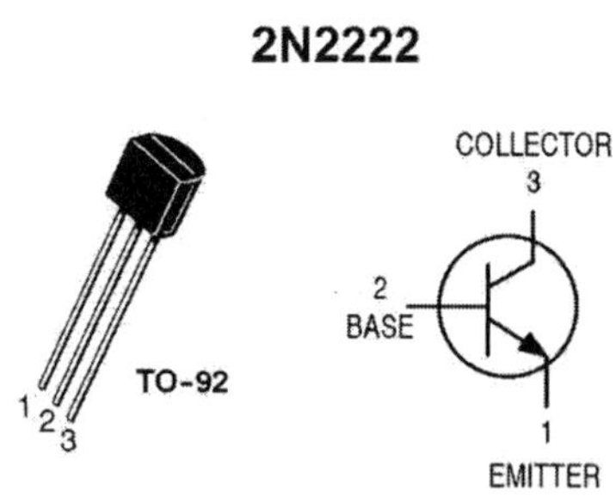

[그림 2.1.9] 트랜지스터 2N2222 핀 배치

2.2 디버깅을 위한 Serial Monitor 사용법

프로그램 개발과정에서 디버깅은 매우 중요하다. Arduino에서 Serial Monitor를 이용하여 프로그램에 제대로 동작하지 않을때 디버깅하는 방법에 대해 알아보자.

먼저 Serial 포트를 설정한다. 이 설정은 setup() 안에 넣어서 프로그램이 실행되기 전에 먼저 세팅이 되도록 한다.

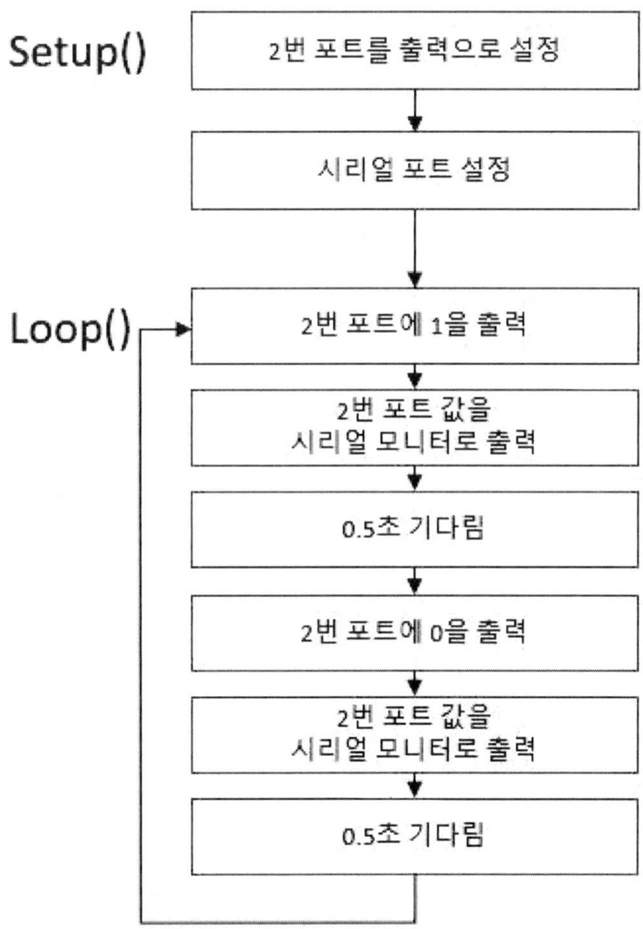

[그림 2.2.1] 점멸과 시리얼 모니터 플로 차트

문법은 Serial.begin(baud); 이고, baud는 시리얼 통신할 때 전송속도를 미리 정하는 값으로 여기서는 9600을 사용했다. 그 값은 1200, 2400, 4800, 9600, 19200, 38400, 57600, 115200 등이 있고 값이 클수록 전송속도는 빨라진다. 9600 baud로 8bit 데이터를 전송하면 초당 1,200개 문자를 전송하게 된다.

프로그램 안에서 확인하려는 값을 Serial Monitor로 출력하는 플로 차트는 다음과 같다.

Serial.println(값); 값에 모니터하려는 변수 등을 넣으면 그 값이 출력된다. 이 경우에는 2번 포트에 값을 넣어 LED를 켜거나 끄고, 그 포트 값을 출력한다. 전체 프로그램은 다음과 같다.

```
void setup() {
pinMode(2, OUTPUT);
Serial.begin(9600); //Serial 포트 설정
}
void loop() {
digitalWrite(2, HIGH);
Serial.println(digitalRead(2)); //2번 포트를 읽어서 시리얼 모니터로 출력
delay(500);
digitalWrite(2, LOW);
Serial.println(digitalRead(2)); //2번 포트를 읽어서 시리얼 모니터로 출력
delay(500);
}
```

같은 방법으로 컴파일하고 프로그램을 올리면 실행된다. 이때 시리얼 모니터를 열어서 그 값을 확인한다.

그림 2.2.2와 같이 메뉴에서 Tool → Serial Monitor를 선택하면 그림 2.2.3과 같이 창이 하나 열리고 프로그램이 실행되면서 2번 포트를 읽은 값이 표시된다.

모든 것이 제대로 동작하지 않아 디버그할 때 먼저 하드웨어(회로 등)와 소프트웨어(제어 프로그램) 중 어디에 문제가 있는지 구분하는 것이 중요하다.

만일 LED가 켜지지 않는다면 digitalWrite(2, HIGH); 명령 후 Serial.println (digitalRead(2));로 읽은 값이 1이 되는지 시리얼 모니터로 확인한다. 만일 이 값이 그대로 0으로 있다면 프로그램에 문제가 있는 것으로 프로그램에서 0으로 만드는 부분이 있는지 확인한다.

그런데 시리얼 모니터에서 2번 포트를 읽은 값이 1이 제대로 나오는데 LED가 안 켜진다면 회로에 문제가 있으므로 프로그램은 그대로 두고 회로 연결이 제대로 되었는지 혹시 연결 점퍼선이 끊어진 것은 아닌지 등을 확인한다.

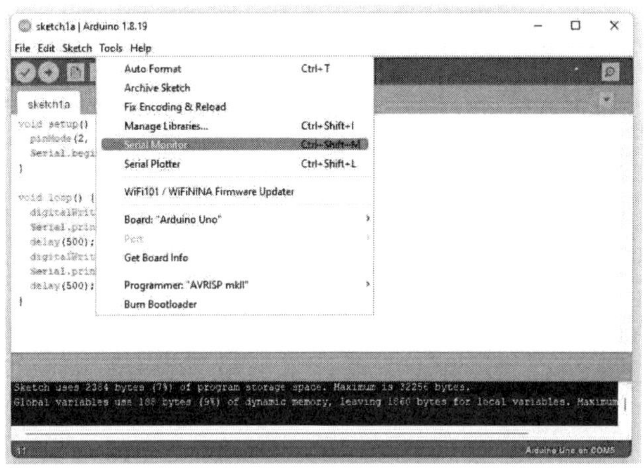

[그림 2.2.2] 시리얼 모니터 선택

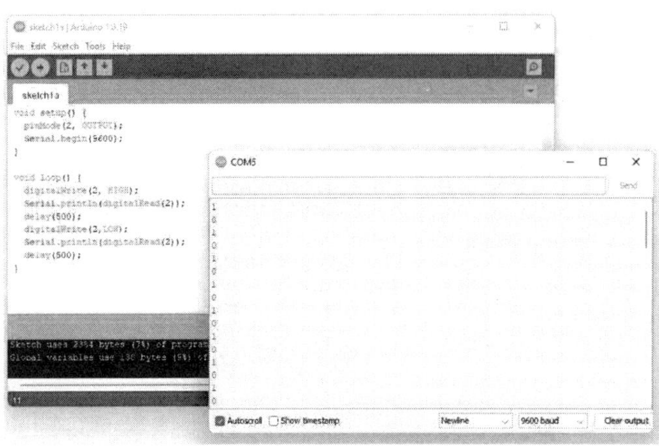

[그림 2.2.3] 시리얼 모니터 출력결과

이런 방법으로 프로그램 중간중간에 시리얼 모니터로 값을 확인하는 코드를 넣어 디버그하면 된다.

2.3 디지털 신호읽기와 처리

전통적인 아날로그 스위치는 기계적으로 전기를 연결하거나 끊어주어 기기를 켜거나 끌 때 사용한다. 또한 스위치 신호에 역동작을 시키거나 그 신호를 이용해서 여러 가지 작동을 하려면 그에 따른 적절한 회로를 구성해야 한다. 그러나 디지털 신호로 처리하면 회로는 하나로 구성하고, 기계적인 스위치 on-off 신호를 디지털 신호로 받아서 처리하면 원하는 동작을 소프트웨어로 처리 할 수 있다.

입력신호에 따른 여러 가지 동작은 장치나 회로의 구성을 바꾸지 않고 소프트웨어만 바꿈으로 모두 처리가 가능하다. 예로 누르는 동안만 on이 되는 버튼스위치를 이용해서 한번 누르면 LED가 켜지고 다시 누르면 LED가 꺼지는 회로를 만들자.

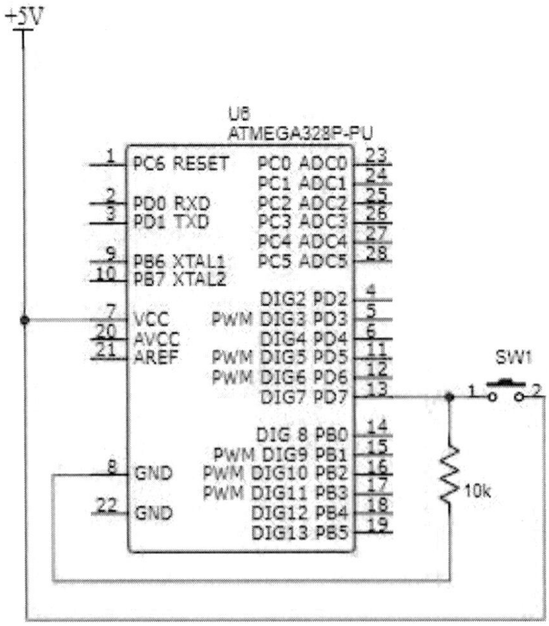

[그림 2.3.1] 디지털 신호읽기

먼저 버튼스위치를 연결한 회로를 구성하고 원하는 대로 동작하도록 프로그램을 구성하자. Arduino 7번 포트를 디지털 입력 모드로 설정하고 여기에 버튼스위치를 통해 5V를 입력한다. (꼭 7번 포트가 아니라 어느 포트를 이용해도 된다) 스위치 구성 회로는 그림 2.3.1에 있다.

회로에서 7번 포트를 10kΩ 저항을 이용하여 GND에 연결한 이유는 스위치가 끊어져 있을 때 7번 포트가 플로팅 상태로 HIGH인지 LOW인지 구분 할 수 없는 상태가 되는 것을 막기 위함이다. 스위치가 on이 되어 7번 포트에 5V가 걸려도 10kΩ 저항을 통해 GND로 0.5mA의 작은 전류가 흐르므로 문제없다.

변수 선언은 일반적으로 setup() 함수 위에 따로 코드를 써넣는다. setup()에 우리가 사용하는 7번 포트를 입력으로 설정하는 코드와 시리얼 모니터 세팅 코드를 넣고 loop()에 7번 포트의 값을 읽어서 시리얼 모니터로 출력하는 코드를 넣는다.

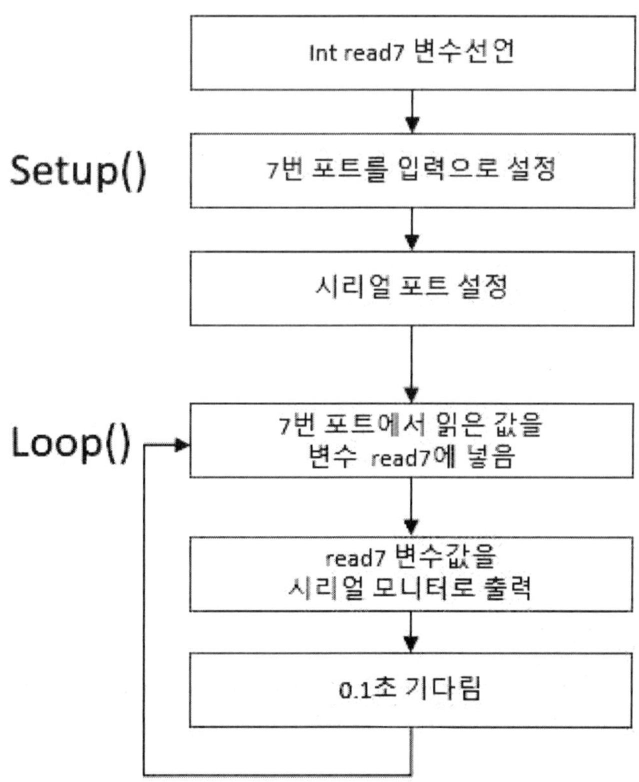

[그림 2.3.2] 디지털 신호읽기와 시리얼 모니터로 출력 플로차트

프로그램은 다음과 같다.

```
int read7; //변수 선언
void setup() {
pinMode(7, INPUT); //7번 포트를 입력으로
Serial.begin(9600);
}
void loop() {
read7 = digitalRead(7); //7번 포트에서 읽은 값을 변수 read7에 넣는다.
Serial.println(read7); //read7 값을 시리얼 모니터로 출력한다.
delay(100); // 0.1초 기다린다.
}
```

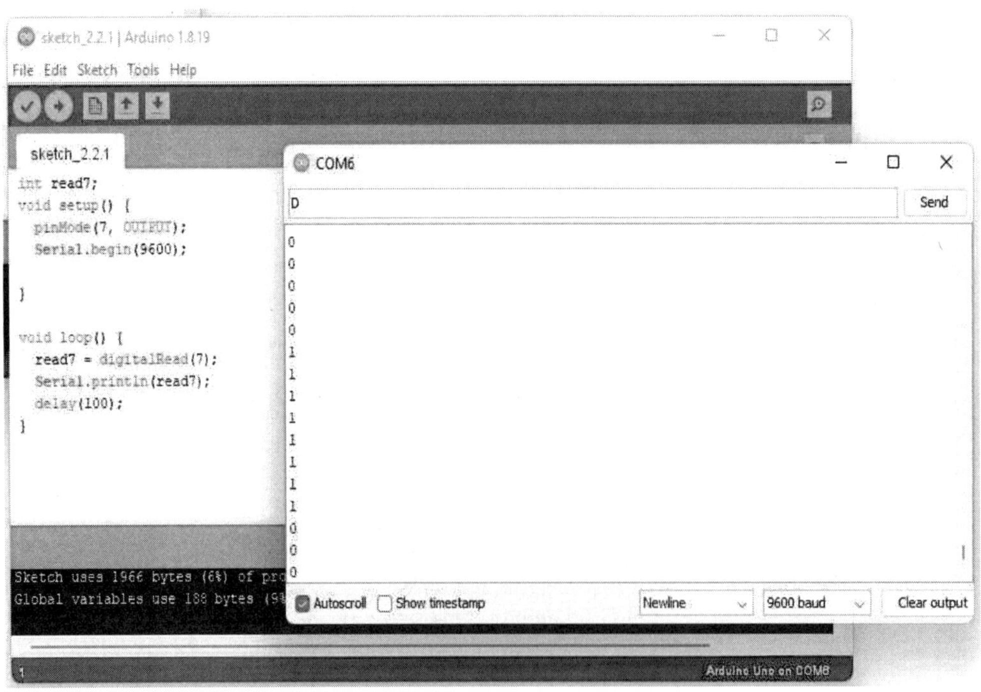

[그림 2.3.3] 디지털 신호읽기와 시리얼 모니터로 출력

프로그램을 컴파일하고 올린다.

그림 2.3.3과 같이 시리얼 모니터로 스위치를 누르면 1, 놓으면 0이 출력되는 것을 볼 수 있다.

스위치 입력이 제대로 동작하면 회로에 LED를 추가하여 프로그램으로 스위치 입력신호를 LED로 출력하여 LED를 켜고 꺼보자.

LED를 추가한 회로는 그림 2.3.5와 같다. 프로그램은 7번 포트는 입력으로 설정하고 2번 포트를 출력으로 설정한다. 7번 포트에서 읽은 스위치 신호를 시리얼 모니터로 출력하고 또한 2번 포트로도 출력한다.

플로차트는 그림 2.3.4와 같고 프로그램은 아래에 있다.

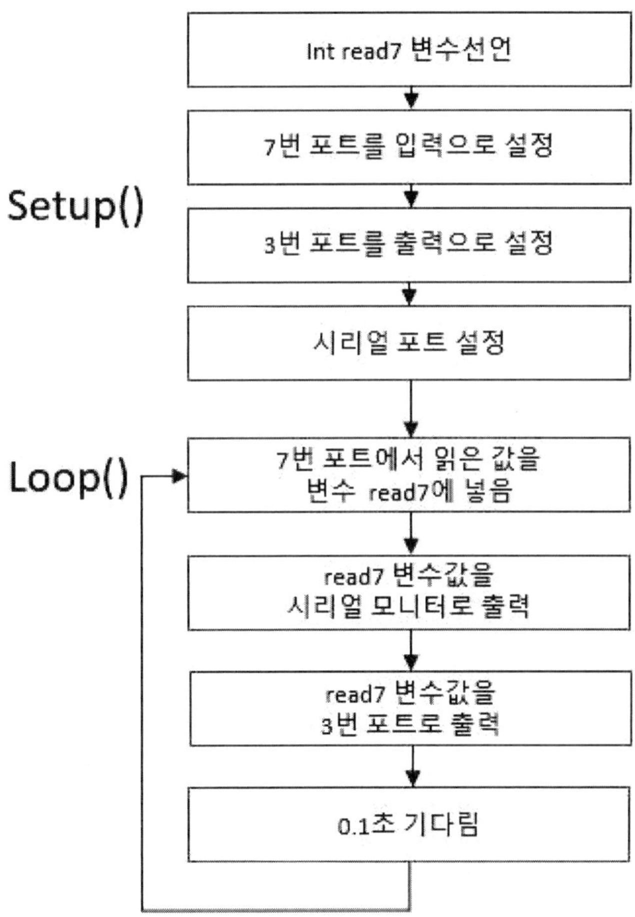

[그림 2.3.4] LED 스위치 제어와 시리얼 모니터 플로차트

```
int read7; //변수 선언
void setup() {
  pinMode(7, INPUT); //7번 포트를 입력으로
  pinMode(3, OUTPUT); //3번 포트를 출력으로
  Serial.begin(9600);
}
void loop() {
  read7 = digitalRead(7); //7번 포트에서 읽은 값을 변수 read7에 넣는다.
  Serial.println(read7); //read7 값을 시리얼 모니터로 출력한다.
  digitalWrite(3, read7);
  delay(100); // 0.1초 기다린다.
}
```

회로를 구성하고 프로그램을 컴파일하여 올린다.

스위치를 누르면 LED가 켜지고 놓으면 LED가 꺼진다. 이 경우 일반적인 아날로그 스위치로 LED를 켜고 끄는 방법과 결과는 같으나 디지털 신호 처리방법으로 그 동작방법은 완전히 다르다.

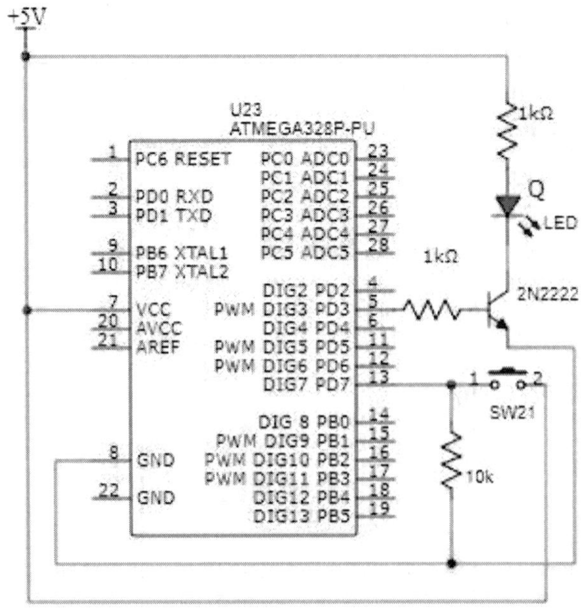

[그림 2.3.5] LED 스위치 제어회로도

이번에는 그림 2.3.5 회로로 스위치를 한번 누르면 LED가 켜지고 다시 한번 누르면 LED가 꺼지도록 소프트웨어만 바꾸어서 구현해보자.

알고리듬은 다음과 같다. 먼저 스위치 신호를 읽고 스위치 신호가 1이 들어오면 3번 포트값을 읽어 그 값이 1이면 0을 넣고 0이면 1을 넣는다.

프로그램 플로차트는 그림 2.3.6과 같다.

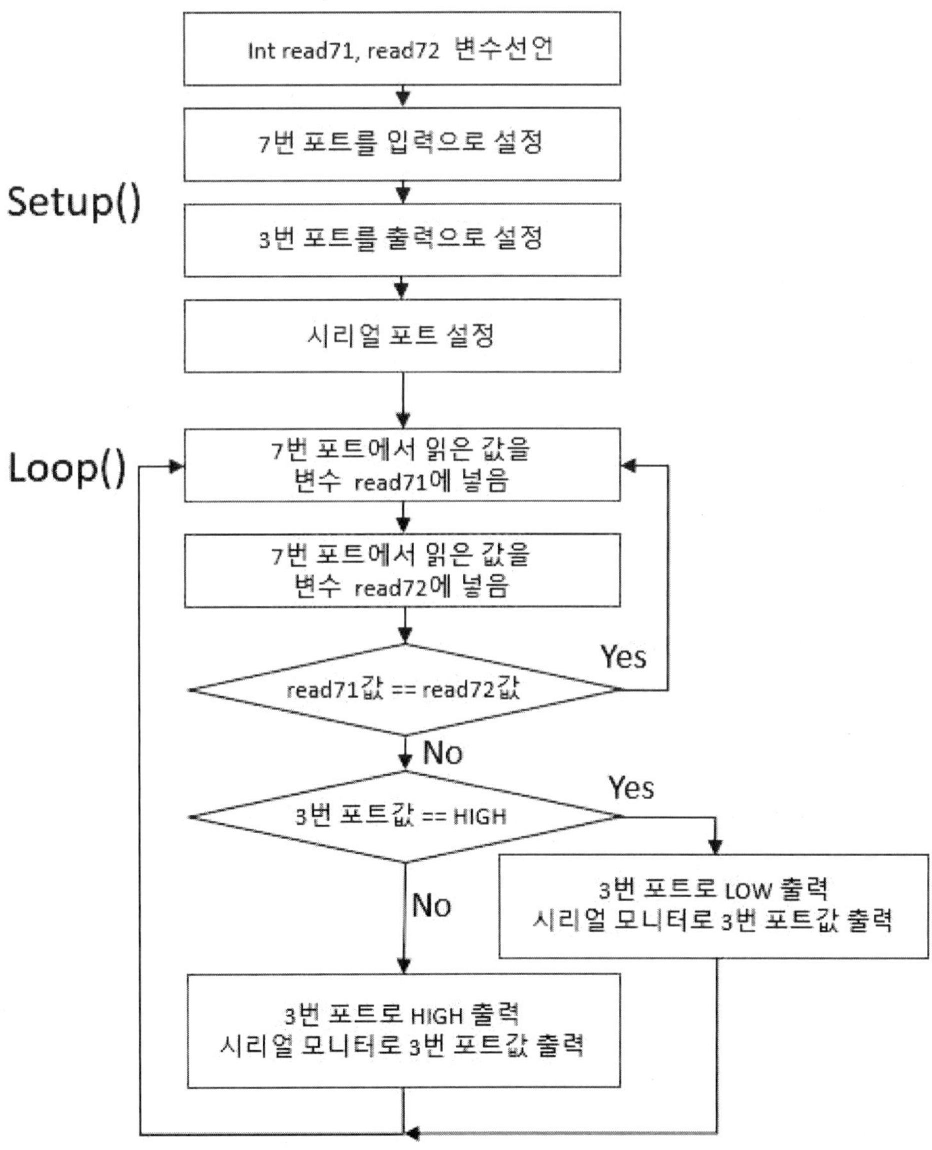

[그림 2.3.6] 스위치 입력에 따라 LED On/Off 반복 플로차트

7번 포트에서 두 번 신호를 읽는데 두 개의 입력신호가 다르면 스위치 입력이 있는 것으로 다음 단계로 넘어가고, 신호가 같으면 스위치 입력이 없으므로 다시 7번 포트 신호를 읽으며 입력을 기다린다. 스위치 신호가 확인되면 3번 포트값을 읽어 그 값이 HIGH이면 LED가 켜있으므로 LOW를 출력해서 LED를 끄고, 그 값이 LOW이면 LED가 꺼져있으므로 HIGH를 출력해서 LED를 켠다.

그 프로그램은 다음과 같다.

```
int read71;
int read72;
void setup() {
  pinMode(7, INPUT);
  pinMode(3 OUTPUT);
  Serial.begin(9600);
}
void loop() {
  do
  {
       read71 = digitalRead(7);
       read72 = digitalRead(7);
  } while(read71 == read72);

  if(digitalRead(3) == HIGH)
  {
    digitalWrite(3, LOW);
    Serial.println(digitalRead(3));
  }
  else
  {
    digitalWrite(3, HIGH);
    Serial.println(digitalRead(3));
  }
}
```

프로그램을 보면 read71과 read72 두 변수에 두 번 7번 포트값을 읽는데 이것은 스위치가 눌리는 순간을 검출하기 위해 두 번 데이터를 읽는다. 스위치가 눌리면 read71과 read72 값이 같아 do loop 안에서 반복되고, 스위치가 눌리면 read71과 read72 값이 서로 달라 do loop를 빠져나온다. 그리고 LED 포트를 읽은 값에 따라 출력이 바뀐다.

그러나 실제 프로그램을 넣고 동작시키면 스위치를 눌러도 어느 때는 동작하고 어느 때는 동작하지 않는 문제가 있다.

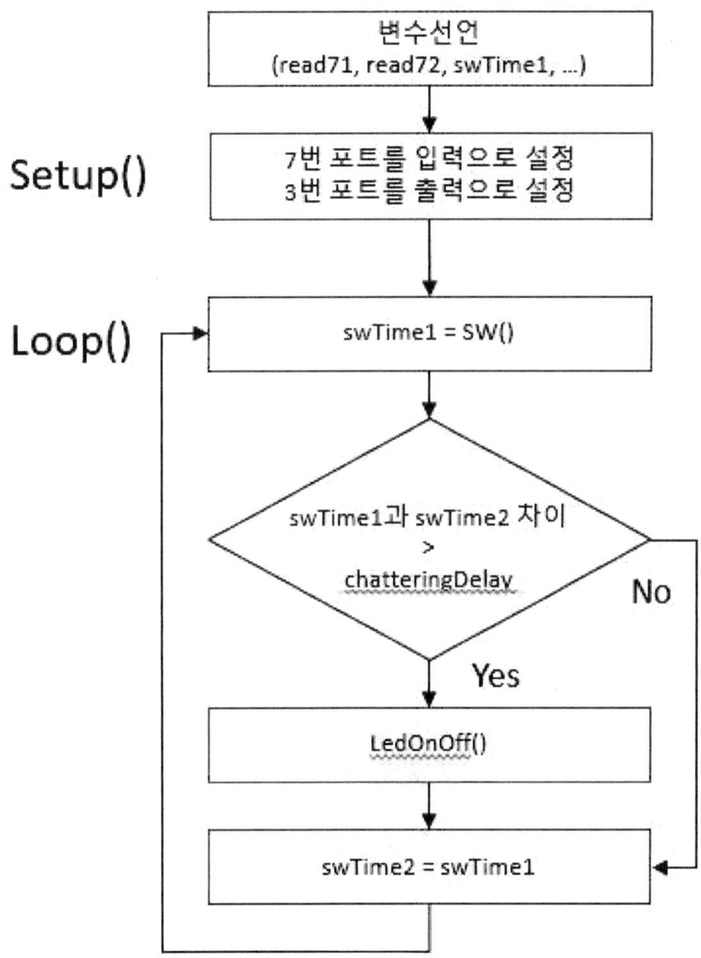

[그림 2.3.7] 스위치 채터링 방지 플로차트

기계적인 스위치는 on이 되는 순간 접촉저항 문제로 아주 짧은 시간에 on과 off가 반복적으로 일어난다. 실제는 스위치를 한번만 눌렀지만 짝수 번 on과 off가 발생한다면 on 또는 off 상태는 그대로 유지되어 스위치가 동작하지 않는다. 이것을 스위치 채터링 현상이라 하며 이 문제는 소프트웨어로 해결할 수 있다.

기본 알고리듬은 두 번 스위치 입력값을 읽고 스위치가 눌리면 두 개의 값이 다르므로 스위치가 눌리는 순간을 읽어서 변수 swTime1에 저장한다. 만일 swTime1과 swTime2와의 차이가 0.5초 이내이면 채터링으로 보고 무시하며, 이보다 크면 입력신호로 보고 LED를 켜거나 끈다. 초기값은 swTime2를 1초로 놓고 두 번째 동작부터는 swTime1 값을 swTime2로 넣고 swTime1에 읽은 신호를 새로운 신호로 넣는다. 변수 chatteringDelay가 500으로 500ms 즉 0.5초다. 이 값을 바꾸면 채터링 판별 민감도를 조정할 수 있다.

채터링 방지 프로그램 플로차트는 그림 2.3.7과 같다.

스위치 신호를 읽는 부분과 LED를 켜고 끄는 부분을 각각 SW()함수와 LedOnOff() 함수로 분리했다. 두 함수 플로차트는 그림 2.3.8과 2.3.9에 있다.

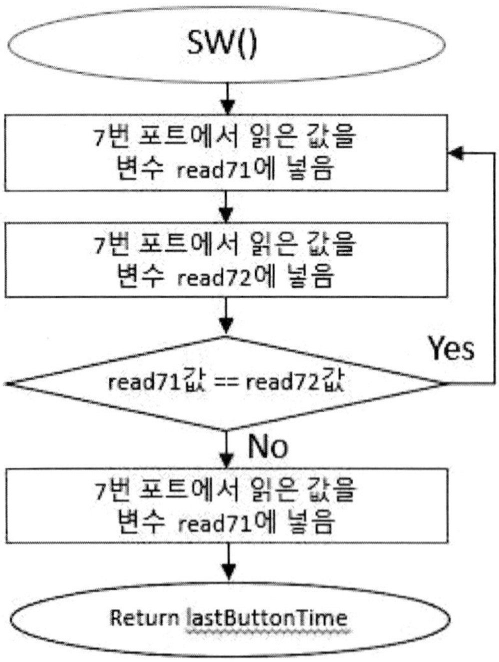

[그림 2.3.8] 스위치 신호를 읽는 SW() 함수 플로차트

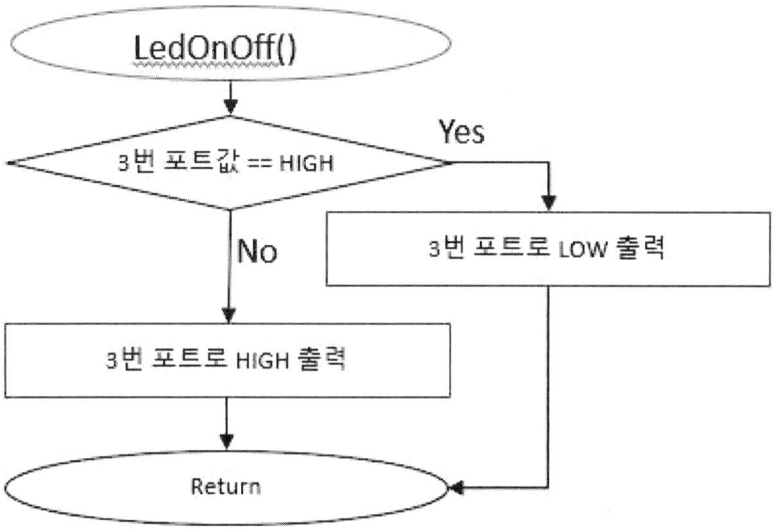

[그림 2.3.9] LedOnOff() 함수 플로차트

전체 프로그램은 다음과 같다.

```
int read71;
int read72;
long swTime1 = 0;
long swTime2 = 1000;
long lastButtonTime = 0;
long chatteringDelay = 500;

void setup() {
  pinMode(7, INPUT);
  pinMode(3, OUTPUT);
}

void loop() {
  swTime1 = SW();
```

```
  if ((swTime1 - swTime2) > chatteringDelay )
  {
    LedOnOff();
  }
  swTime2 = swTime1;
}

long SW()
{
  do {
      read71 = digitalRead(7);
      read72 = digitalRead(7);
      lastButtonTime = millis();
    } while (read71 == read72);
    delay(50);
    return lastButtonTime;
}

void LedOnOff()
{
  if(digitalRead(3) == HIGH)
    digitalWrite(3, LOW);
  else
    digitalWrite(3, HIGH);
}
```

2.4 입력 풀업 (Input Pull-up)

입력 포트에 스위치를 연결할 때 스위치가 열려있는 상태에서 포트 상태가 플로팅 되는 것을 막기 위해 10kΩ 저항을 이용하여 접지시켰다. 이것은 일반적으로 회로를 이용해 플로팅을 막는 방법인데 Atmel 328 마이크로 컨트롤러에는 포트 내부에 5V로 풀업시키는 기능이 있고 이것을 프로그램으로 제어할 수 있다.

이 기능을 사용하면 회로는 훨씬 더 간단해진다. 그림 2.4.1에 그 회로가 있다. 이것은 그림 2.3.5 회로에서 스위치 부분만 바꾼 회로다.

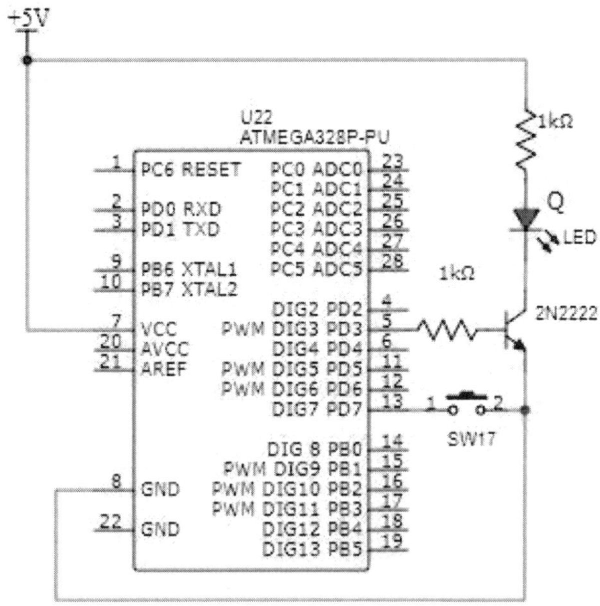

[그림 2.4.1] 입력 풀업 사용회로

사용방법은 핀모드를 설정할 때 설정하면 된다.

pinMode(pin, mode)

여기서 pin을 입력 포트 번호를 넣으면 되고, mode는 INPUT, OUTPUT, INPUT_PULLUP 세가지를 넣을 수 있다.

여기서 mode를 INPUT_PULLUP을 넣으면 된다.

2.3 절과 같은 동작을 하도록 프로그램은 pinMode만 바꾸어서 그림 2.4.1 회로에 적용하면 된다.

프로그램은 2.3 절과 같으며, setup() 부분에서 pinMode만 바꾸었다.

```
void setup() {
  pinMode(7, INPUT_PULLUP);
  pinMode(3, OUTPUT);
  Serial.begin(9600);
}
```

2.5 아날로그 신호읽기와 처리

Atmega329P 칩에는 1개의 10비트 A/D 컨버터가 내장되어 있고 6개의 아날로그 입력 핀이 있다. 0V에서 5V 사이 전압신호를 0 ~ 1023까지 숫자로 변환해 준다. 읽은 값이 0이면 0V이고, 1023이면 5V를 의미한다.

아날로그 입력신호를 가변저항을 이용하여 0 ~ 5V까지 변화시키며 전압을 내장된 A/D 컨버터로 읽어 표시해보자. 그림 2.5.1과 같이 회로를 연결한다.

프로그램에서 A0 포트는 아날로그 입력으로 정해져 있으므로 따로 setup()에 입력으로 설정할 필요가 없다. 여기서는 시리얼 모니터 설정만 하면 된다. loop()에 A0 포트값을 읽어서 시리얼 모니터로 표시하도록 한다.

프로그램 플로차트는 그림 2.5.2와 같다. A0 포트에 들어오는 아날로그 전압값을 읽으면 내장된 A/D 컨버터가 숫자로 변환하고 그 값을 초기에 설정한 변수 portA0Value에 넣는다. 그리고 변수 portA0Value 값을 시리얼 모니터로 출력하고 이 과정을 반복한다.

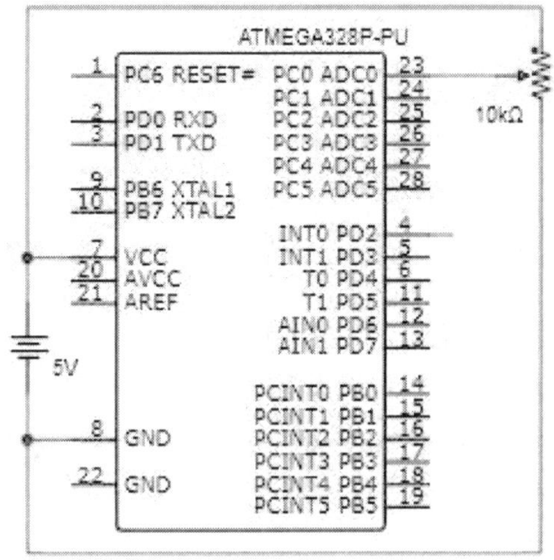

[그림 2.5.1] 아날로그 신호읽기

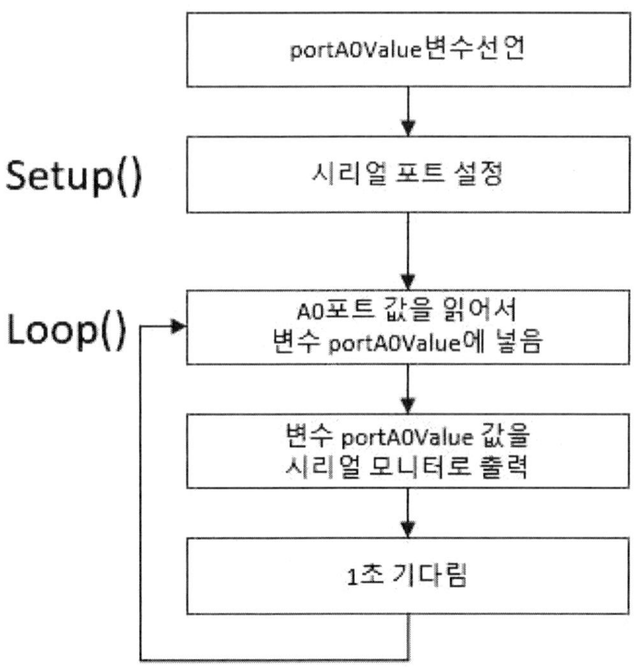

[그림 2.5.2] 아날로그 입력 플로차트

프로그램은 다음과 같다.

```
int portA0Value;
void setup()
{
     Serial.begin(9600);
}
void loop()
{
     portA0Value = analogRead(A0);
     Serial.println(portA0Value);
     delay(100);
}
```

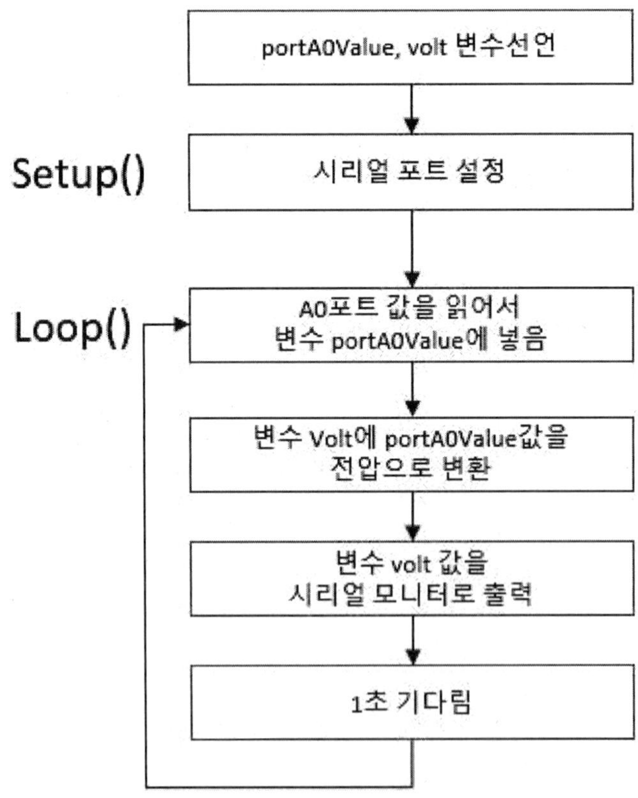

[그림 2.5.3] 아날로그 전압을 읽어서 표시하는 플로차트

프로그램은 그림 2.5.4 아래에 있다. 시리얼 출력 부분에서 Serial.print()는 출력 후 줄 바꿈이 없어서 다음에 다른 출력을 하게 되면 Serial.print()에서 출력한 글자가 이어서 출력이 된다. Serial.println(0은 출력 후 줄 바꿈을 해서 다음에 오는 출력은 다음 줄에 출력이 된다.

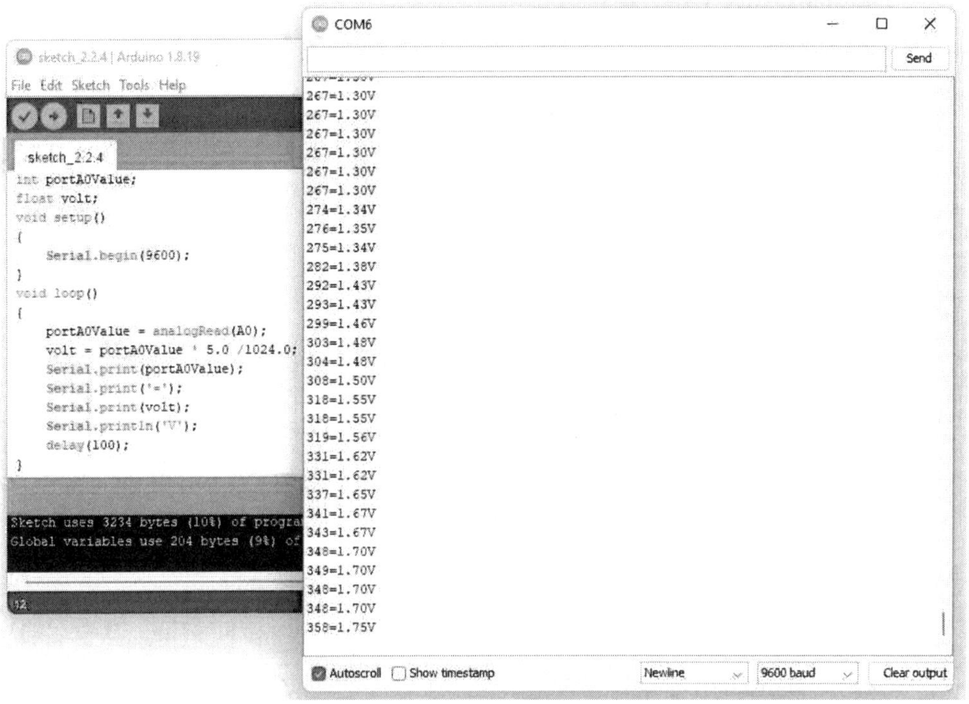

[그림 2.5.4] 아날로그 입력전압 표시

```
int portA0Value;
float volt;
void setup()
{
    Serial.begin(9600);
}
void loop()
 {
```

```
        portA0Value = analogRead(A0);
        volt = portA0Value * 5.0 /1024.0;
        Serial.print(portA0Value);
        Serial.print('=');
        Serial.print(volt);
        Serial.println('V');
        delay(100);
}
```

2.6 PWM 제어

Atmega328P 칩에 내장된 PWM(Pulse Width Modulation) 포트를 이용하면 출력전력을 조정할 수 있으므로 LED 밝기조정, DC 모터의 속도조정 등 많은 것을 할 수 있다.

먼저 간단한 LED의 밝기조정을 해보자.

PWM 포트는 3, 5, 6, 9, 10, 11번 포트로 6개 포트가 있다. 프로그램으로 analogWrite() 함수를 이용해서 PWM 포트에 0 ~ 255 값을 넣으면 그 값에 따라 on 되는 시간이 정해지며, 그림 2.6.1과 같이 한 주기 안에서 on off 시간 비율을 조절한다. Atmega328 칩은 PWM 주파수가 500Hz로 주기가 2ms가 된다. 이 PWM 포트 출력신호를 이용해서 DC 전원을 on off 하면 공급하는 전력을 조정할 수 있다. 이를 이용하면 제어하려는 장치의 속도나 밝기 등을 조정할 수 있다. on 시간은 100%에서 0%까지 조정할 수 있다.

PWM 컨트롤을 테스트하기 위한 프로그램을 살펴보자. 시리얼 모니터를 이용하여 듀티값을 입력하고 입력된 값을 PWM 포트에 넣어서 입력한 듀티값대로 출력이 되는지 오실로스코프로 확인한다.

PWM 포트는 3번을 사용했고 시리얼 입력을 통해 키보드에서 값을 읽고 엔터값이 들어오면 그 값을 정수형으로 변환 후 analogWrite를 사용해서 PWM 포트에 듀티값을 넣는다.

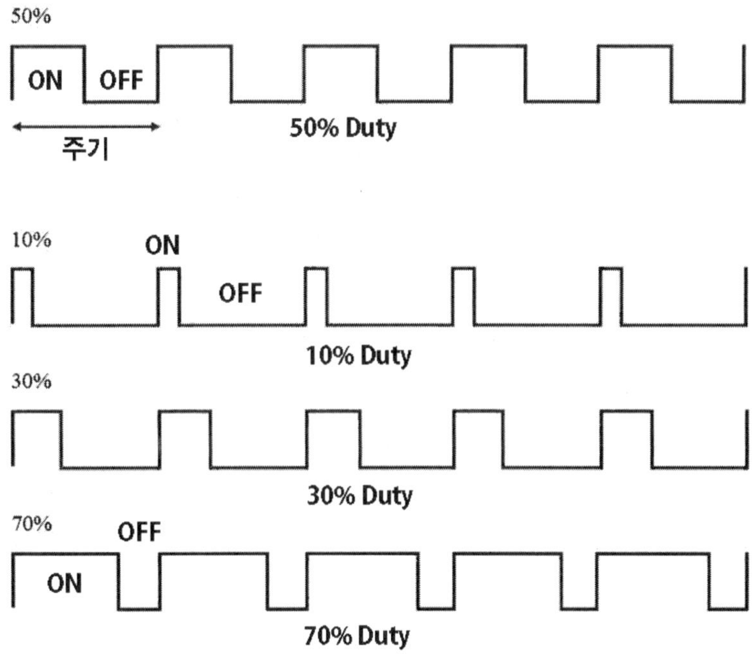

[그림 2.6.1] PWM Duty 조정

프로그램의 플로차트는 그림 2.6.2에 있다.

프로그램에서 새로운 부분은 시리얼 모니터를 통해서 키보드로 입력한 값을 읽어 들이는 부분이다. 시리얼 입력이 있는지는 Serial.available() 함수를 이용해서 알 수 있다.

함수값이 0이면 입력이 없는 상태이고, 입력이 있으면 키보드값이 ASCII 코드로 들어오기 때문에 함수값은 어떤 숫자로 표시된다. 따라서 이 함수값이 0보다 크면 키보드 입력이 있는 것이다.

여기서 우리가 입력할 수 있는 숫자는 한 글자만이 아니므로 엔터키가 들어올 때까지 글자를 모아야 한다. 그리고 엔터키가 들어오면 모은 글자를 숫자로 변환해서 PWM 포트에 써넣으면 된다.

PWM 포트에 넣는 듀티값은 0에서 255까지로 0일 때 on 되는 시간이 주기의 0%로 완전히 off 상태가 되고 255일 때 on 되는 시간이 주기의 100%로 완전히 on 상태가 된다.

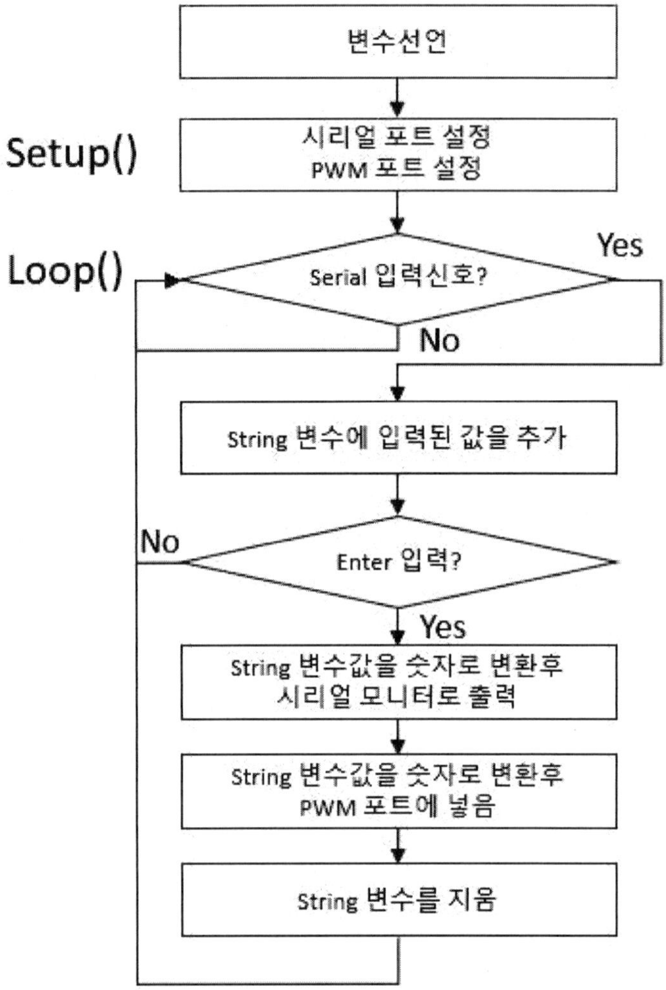

[그림 2.6.2] PWM 제어

프로그램은 다음과 같다.

```
int PWM = 3;
String inString = "";
int brightness = 0;

void setup() {
  Serial.begin(9600);
  pinMode(PWM, OUTPUT);
}
```

```
void loop() {
  while (Serial.available() > 0) {
    int inChar = Serial.read();
    if (isDigit(inChar)) {
      inString += (char)inChar;
    }
    if (inChar == '₩n') {
      Serial.print("Value:");
      Serial.println(inString.toInt());
      Serial.print("String: ");
      Serial.println(inString);
      brightness = inString.toInt();
      analogWrite(PWM, brightness);
      inString = "";
    }
  }
}
```

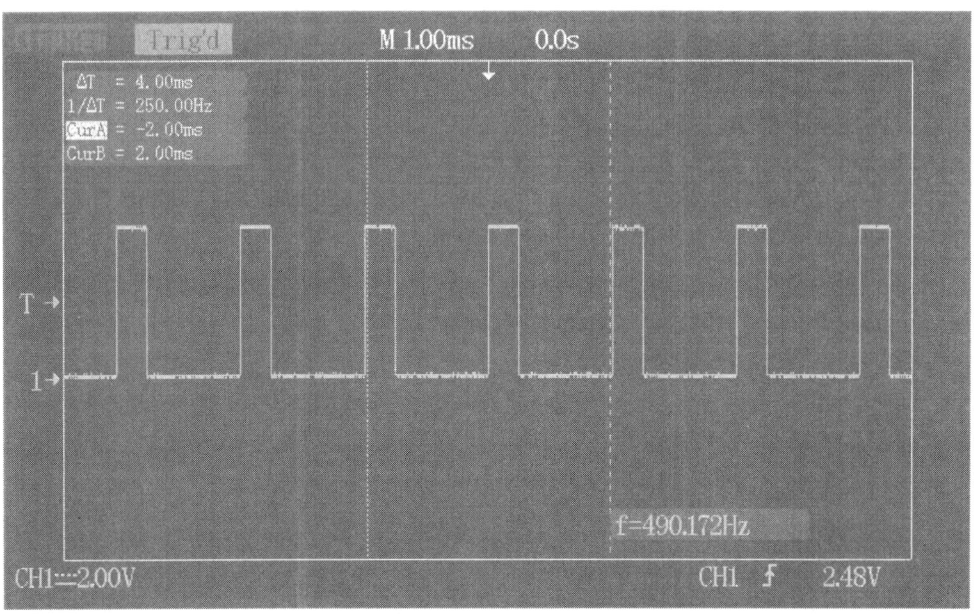

[그림 2.6.3] 25% 듀티 출력

그림 2.6.3은 PWM 포트에 63을 넣었을 때 즉 25% 출력이 된 것을 볼 수 있다.

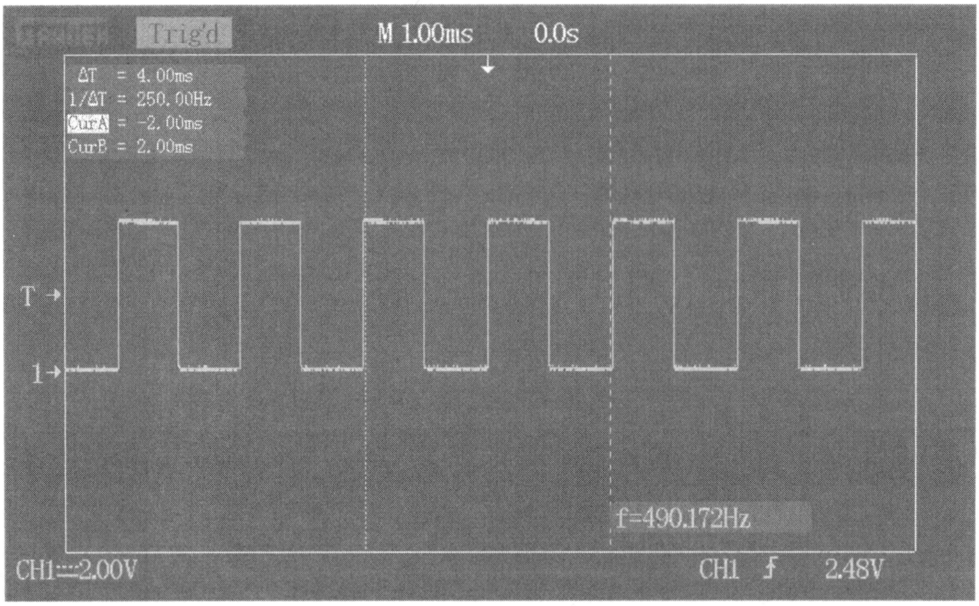

[그림 2.6.4] 50% 듀티 출력

그림 2.6.4는 PWM 포트에 127을 넣은 것으로 50% 출력을 볼 수 있고, 그림 2.6.5는 PWM 포트에 191을 넣은 것으로 75% 출력이 된다.

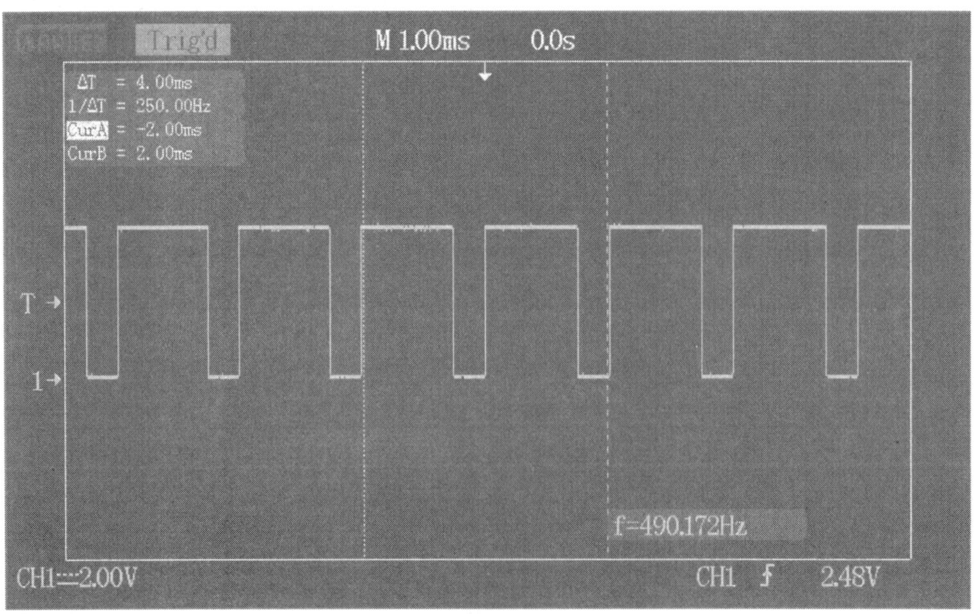

[그림 2.6.5] 75% 듀티 출력

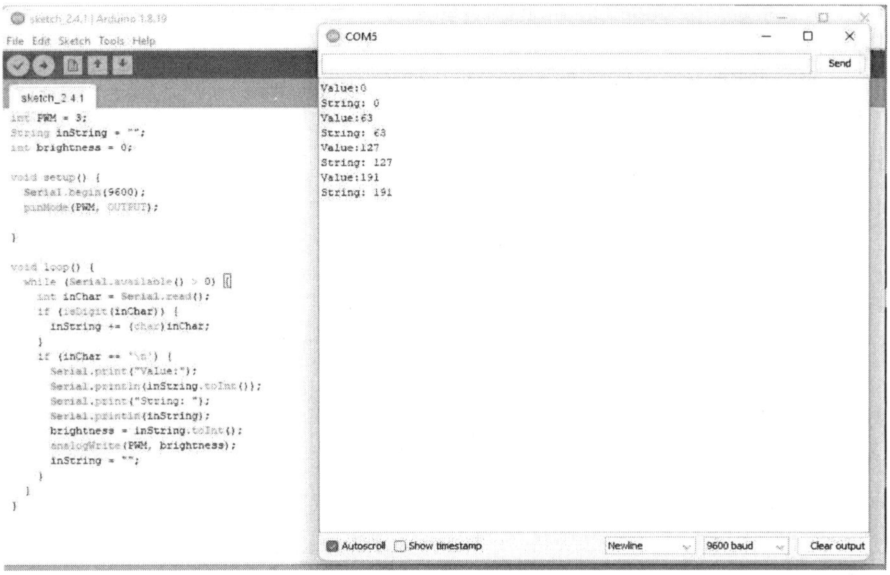

[그림 2.6.5] 듀티 조정 프로그램

2.6.1 LED 밝기 조절

PWM 3번 포트에 LED를 연결해서 밝기를 조정하는 회로를 만들자.

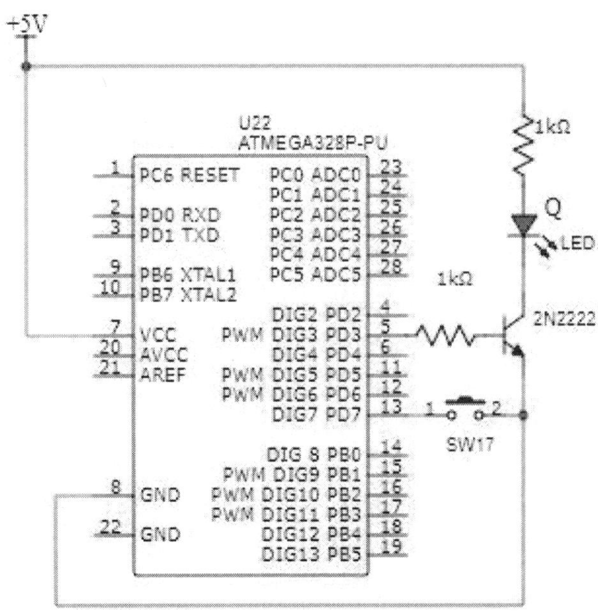

[그림 2.6.1.1] LED 밝기 조정용 회로

회로는 그림 2.4.1 회로와 같고 프로그램만 수정해서 기능을 바꾸어 보자. 스위치도 내부 풀업 기능을 사용하도록 회로에 연결했는데 먼저 스위치는 사용하지 않고 프로그램으로만 LED 밝기를 조정해보자.

프로그램 플로차트는 그림 2.6.1.2에 있다.

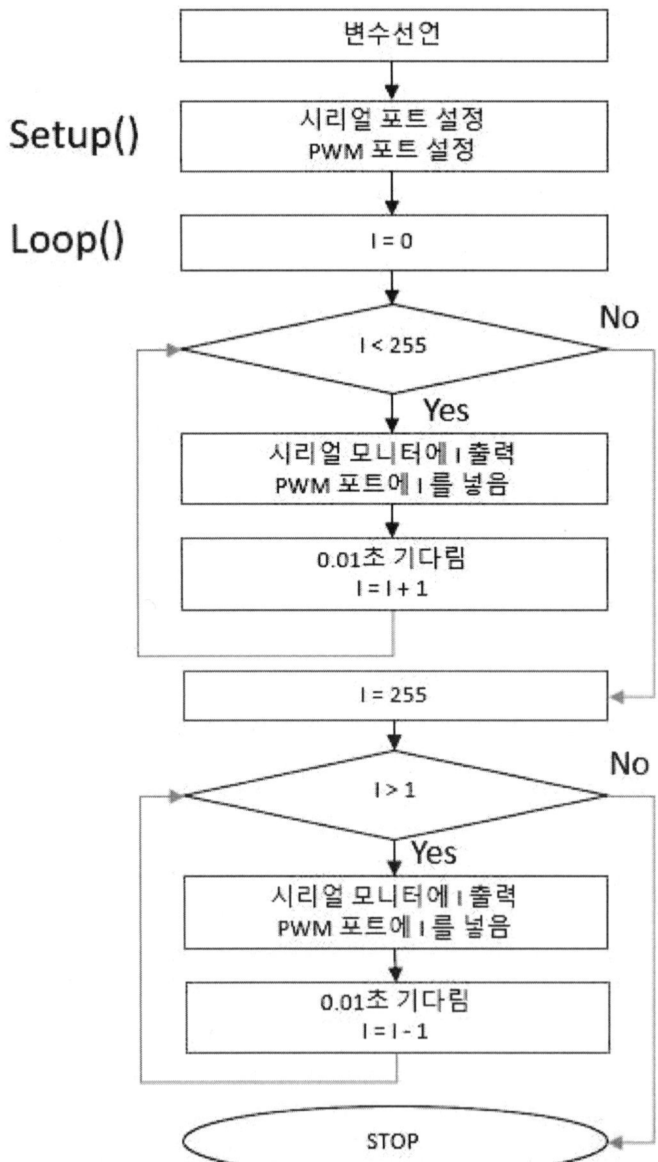

[그림 2.6.1.2] PWM 포트를 이용한 LED 점멸 플로차트

PWM 포트에 0에서 255까지 값을 1씩 증가시키면서 값을 넣어 최대 밝기가 되게 하고, 값이 255가 되면 다시 0이 될 때까지 1씩 감소시켜 점점 어두워지게 한다. 이를 반복하면 LED가 점점 밝아져서 최대 밝기에서 다시 점점 어두워지고 완전히 꺼지면 다시 밝아지는 것을 반복한다.

PWM 값을 1씩 증가시키거나 감소시킬 때 시간 간격이 매우 빨라서 한순간에 완전히 켜지고 꺼져서 그냥 깜빡거리는 것과 큰 차이를 느끼지 못하므로 PWM 포트에 값을 넣는 사이에 delay(10) 함수를 사용해서 10ms 즉 0.01초를 기다리도록 한다.

LED가 점점 밝아지는 데 약 2.5초가 걸리고 점점 어두워지는데도 2.5초가 걸려서 PWM 포트 동작을 눈으로 확인할 수 있다.

프로그램은 다음과 같다.

```
int PWM = 3;

void setup() {
  Serial.begin(9600);
  pinMode(PWM, OUTPUT);
}

void loop() {
  for(int i = 0; i < 256; i++)
  {
    Serial.println(i);
    analogWrite(PWM, i);
    delay(10);
  }
  for(int i = 255; i > 1; i--)
  {
    Serial.println(i);
    analogWrite(PWM, i);
    delay(10);
  }
}
```

2.6.2 스위치로 점점 밝게 또는 점점 어둡게 Fade Control(Fade in, Fade out)

이번에는 스위치 신호를 입력받아 한번 누르면 점점 밝아지면서 켜지고 다시 누르면 점점 어두워지면서 꺼지도록 해보자.

회로는 그림 2.6.1.1과 같고, 2.6.1 절에 사용한 프로그램에서 스위치 동작을 넣고 그에 따라 LED가 동작하도록 바꾸면 된다.

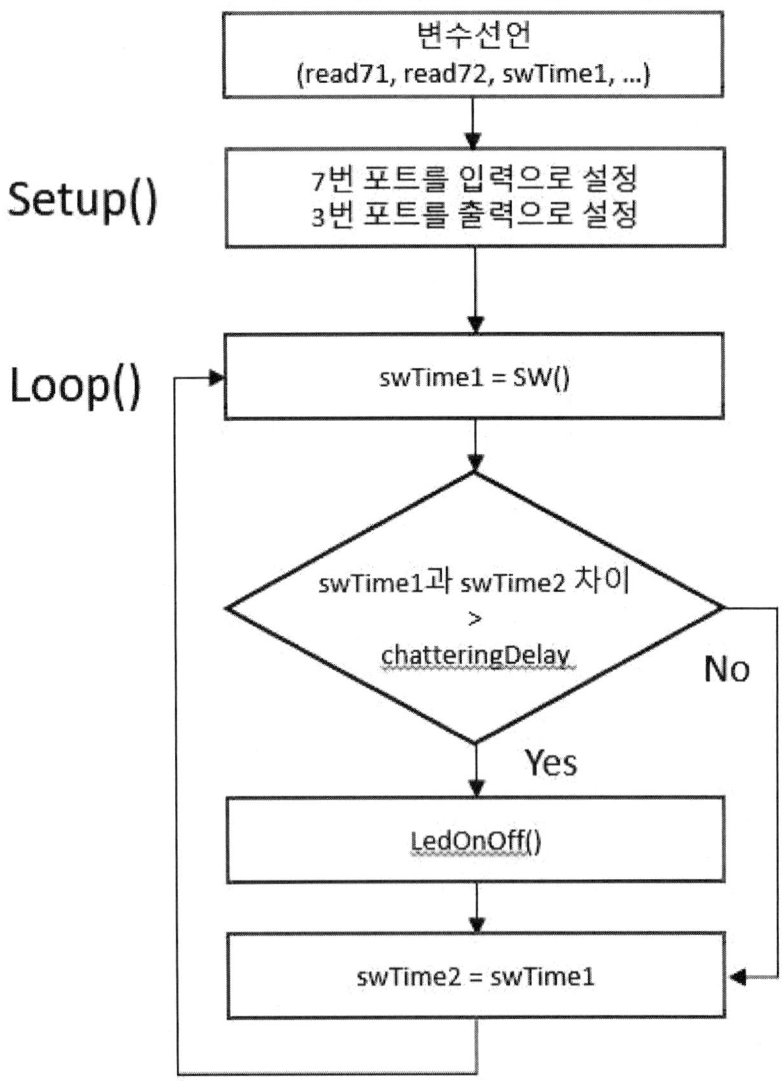

[그림 2.6.1.3] 메인 프로그램 플로차트

프로그램은 스위치 입력을 받고 3번 포트값을 읽고, 그 값이 HIGH면 LED가 켜 있는 상태이므로 3번 PWM 포트값을 255에서 0까지 1씩 감소시켜서 끄고, 3번 포트값이 LOW 면 LED가 꺼져 있는 상태므로 3번 PWM 포트값을 0에서 255까지 1씩 증가시켜 LED 밝기를 키운다.

여기에도 스위치 접촉에 따른 채더링 현상을 앞 절에 적용했던 방법을 그대로 사용한다. 변수 chatteringDelay를 500으로 설정했는데 이것이 500ms, 즉 0.5초를 기준으로 이보다 작은 간격으로 입력된 신호는 채더링으로 간주하고 무시한다.

스위치 신호를 읽는 부분과 LED를 켜고 끄는 부분을 SW() 함수와 LedOnOff() 함수로 분리한다. 메인 프로그램 플로차트는 그림 2.6.1.3에 있고 스위치 신호를 읽는 부분과 LED를 켜고 끄는 부분을 각각 SW()함수와 LedOnOff() 함수로 분리한다. 두 함수 플로차트는 그림 2.6.1.4와 2.6.1.5에 있다.

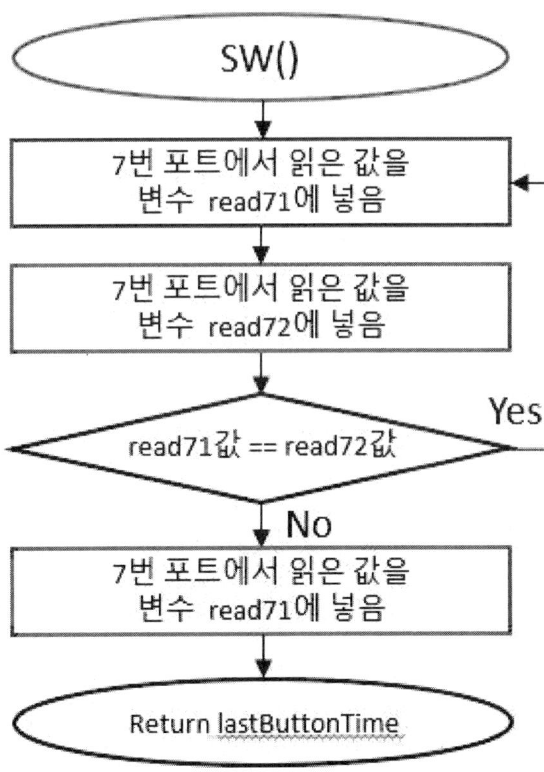

[그림 2.6.1.4] SW() 함수 플로차트

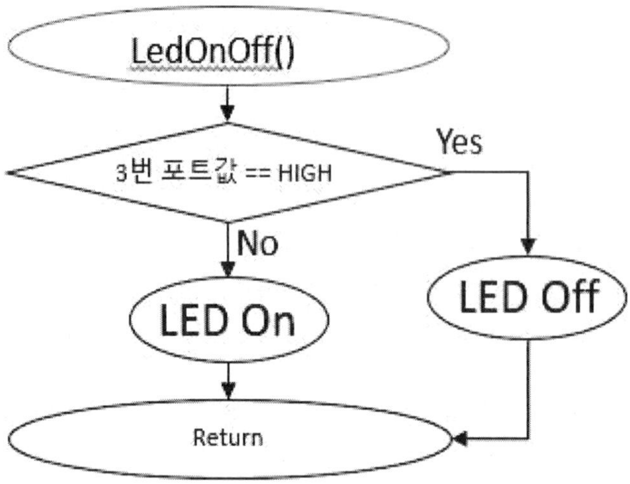
LedOnOff()
3번 포트값 == HIGH
Yes
No
LED On
LED Off
Return

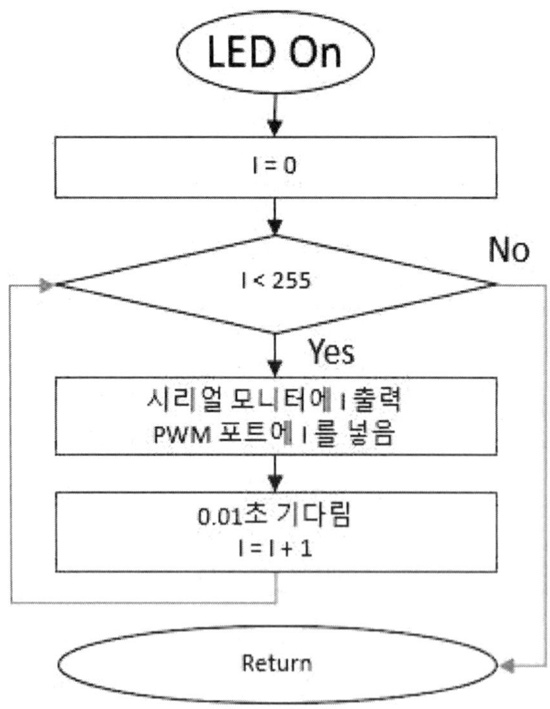
LED On
I = 0
I < 255
No
Yes
시리얼 모니터에 I 출력
PWM 포트에 I 를 넣음
0.01초 기다림
I = I + 1
Return

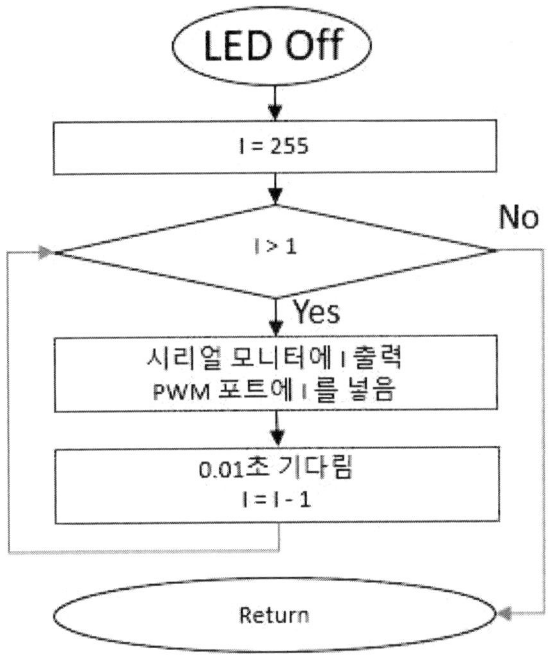

[그림 2.6.1.5] LedOnOff() 함수 플로차트

전체 프로그램은 다음과 같다.

```
int read71;
int read72;
long swTime1 = 0;
long swTime2 = 1000;
long lastButtonTime = 0;
long chatteringDelay = 500;
int PWM = 3;
int SWport = 13;

void setup() {
  pinMode(SWport, INPUT);
  pinMode(PWM, OUTPUT);
   Serial.begin(9600);
}

void loop() {
  swTime1 = SW();
```

```
    Serial.println(swTime1 - swTime2);
    if ((swTime1 - swTime2) > chatteringDelay )
    {
      LedOnOff();
    }
    swTime2 = swTime1;
}

long SW()
{
    do {
          read71 = digitalRead(SWport);
          read72 = digitalRead(SWport);
          lastButtonTime = millis();
      } while (read71 == read72);
      delay(50);
      return lastButtonTime;
}

void LedOnOff()
{
    if(digitalRead(PWM) == HIGH)
    {
      for(int i = 255; i >= 0; i--)
      {
        Serial.println(i);
        analogWrite(PWM, i);
        delay(5);
      }
    }
    else
    {
      for(int i = 0; i <= 255; i++)
      {
        Serial.println(i);
        analogWrite(PWM, i);
        delay(5);
      }
    }
}
```

2.6.3 DC 모터 속도 제어

가변저항으로 모터 속도를 제어하는 회로와 프로그램을 작성하자. 모터 종류에는 여러 가지가 있고 모터 종류에 따라 제어하는 방법이 다르다. 여기에서는 일반 DC 모터의 속도를 제어해 보자.

PWM 포트를 이용하여 전력을 제어해서 모터 속도를 제어한다. 아날로그 입력 포트에 가변저항을 통해 전원을 연결하고, 가변저항으로 아날로그 포트에 입력되는 전압을 0 ~ 5V까지 변화시킨다.

입력된 전압은 내장된 A/D 컨버터를 통해서 0 ~ 1023까지 숫자로 변환되는데 이 값을 PWM 포트에 넣으면 PWM 포트 출력은 그 값에 따라 0 ~ 100% 듀티값을 출력한다. 출력된 신호를 트랜지스터 스위치를 이용해 모터에 연결하며 모터의 속도를 가변저항으로 변화시킬 수 있다. 가변저항은 10kΩ을 사용하고 모터는 동작전압이 5V ~ 6V되는 것을 사용한다. 회로는 그림 2.6.3.1에 있다.

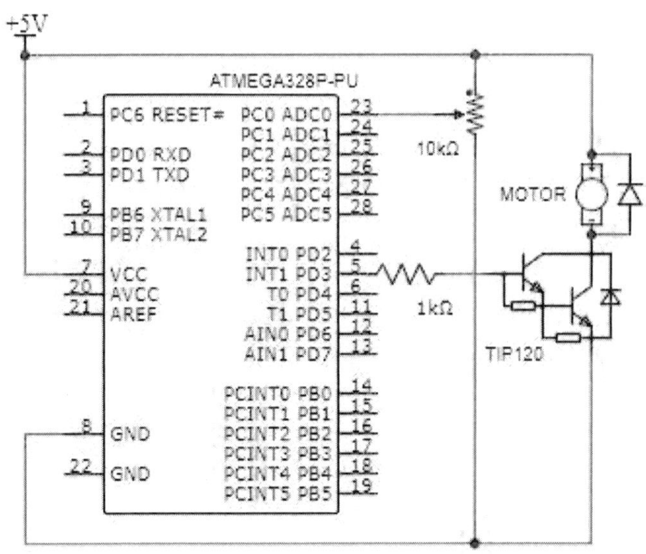

[그림 2.6.3.1] 모터 속도 제어회로

회로에서 모터에 병렬로 역방향 다이오드를 넣은 것은 모터가 구동할 때 순간적으로 발생하는 역기전력으로부터 회로를 보호하려고 넣은 것이다.

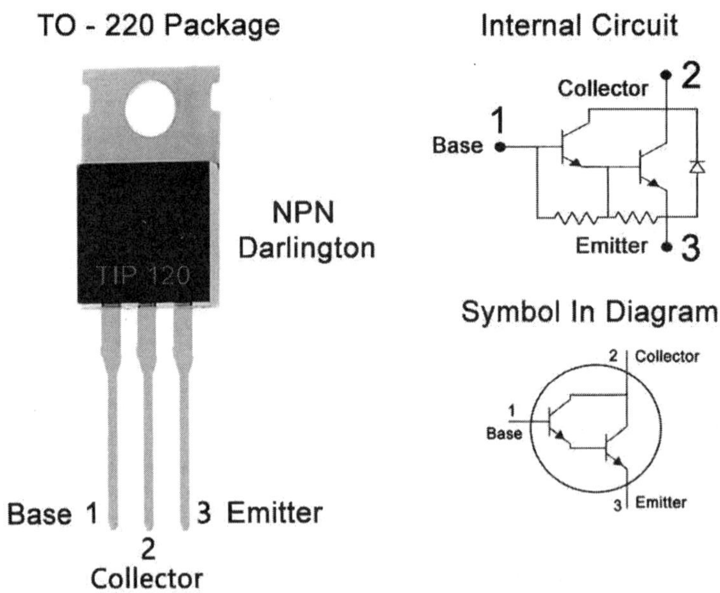

[그림 2.6.3.2] 다알링턴 TR TIP120 핀 배치

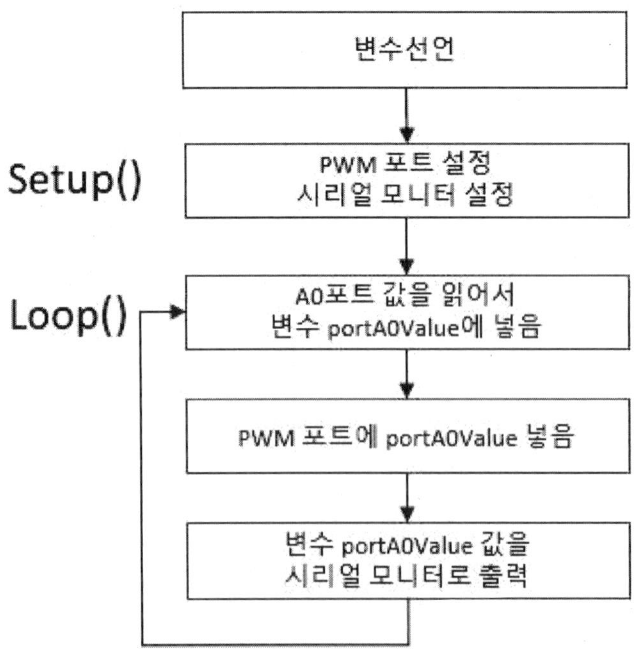

[그림 2.6.3.3] 모터 속도 제어 플로차트

트랜지스터 2N2222는 컬렉터에 최대 40V에 600mA까지 전류를 제어할 수 있다. 만일 이보다 더 큰 전류를 제어하려면 트랜지스터 두 개를 묶어놓은 다알링턴 트랜지스터 TIP120을 쓰면 된다. TIP120은 60V, 5A까지 제어할 수 있다 여기서는 TIP120을 사용하고 TIP120 핀 배치도는 그림 2.6.3.2에 있다.

플로차트는 그림 2.6.3.3에 있다. 아날로그 입력 포트로 읽은 신호를 확인하기 위해 시리얼 모니터를 설정하여 사용한다.

전체 프로그램은 다음과 같다. 프로그램을 업로드하고 시리얼 모니터를 열고 가변저항을 돌려보자 시리얼 모니터로 표시된 값에 따라 모터 속도가 변하는 것을 볼 수 있다.

```
int portA0Value;
int PWM = 3;
void setup()
{
    pinMode(PWM, OUTPUT);
    Serial.begin(9600);
}
void loop()
{
    portA0Value = analogRead(A0);
    digitalWrite(PWM, portA0Value);
    Serial.println(portA0Value);
}
```

2.7 예 제

여기에서는 몇 가지 예제를 통해 회로구성과 프로그램을 연습해 보자. 방법은 한 가지가 아니므로 먼저 여러분 스스로 회로구성과 프로그램을 만들어 보고, 이 책에서 제시한 방법을 참고하여 어떤 차이가 있는지 생각해보자.

- **윙커** : 빨간색과 파란색 두 개의 LED를 이용해서 0.5초 간격으로 번갈아 깜빡이는 윙커를 만들어 보자.

- **보행자 신호등** : 다음 조건에 만족하는 두 가지 보행자 신호등을 만들자.
  a. 빨간색이 10초 동안 켜져다 꺼지면서, 초록색이 10초 동안 켜진다. 이것을 반복한다.
  b. 빨간색이 10초 동안 켜지다 꺼지면서 초록색이 5초 동안 켜지고, 5초 동안은 0.5초 간격으로 5번 점멸 후 꺼지면서 빨간색이 켜진다. 이것을 반복한다.

- **차량용 신호등과 보행자 신호등** : 차량용 신호등은 빨간색 · 노란색 · 초록색, 보행자용 신호등은 빨간색 · 초록색으로 차량용 신호등 초록색이 10초 켜지고 노란색이 1초 그리고 빨간색이 5초 켜진다. 보행자 신호는 빨간색이 11초 초록색이 5초인데 3초는 그대로 켜있고, 2초는 0.5초 간격으로 2번 점멸 후 꺼지면서 빨간색이 켜진다. 이것을 반복한다.

2.7.1 윙 커

회로도는 그림 2.7.1과 같다.

사용한 포트는 3번과 6번을 사용했는데 다른 포트를 사용해도 된다.

프로그램은 포트 3번과 6번을 출력으로 설정하고, 포트 3번에 1을 출력하고 포트 6번은 0을 출력한다. 그리고 0.5초를 기다리고 포트 3번에 0을 출력하고, 포트 6번은 1을 출력한다. 그리고 다시 0.5초를 기다린 후 반복한다.

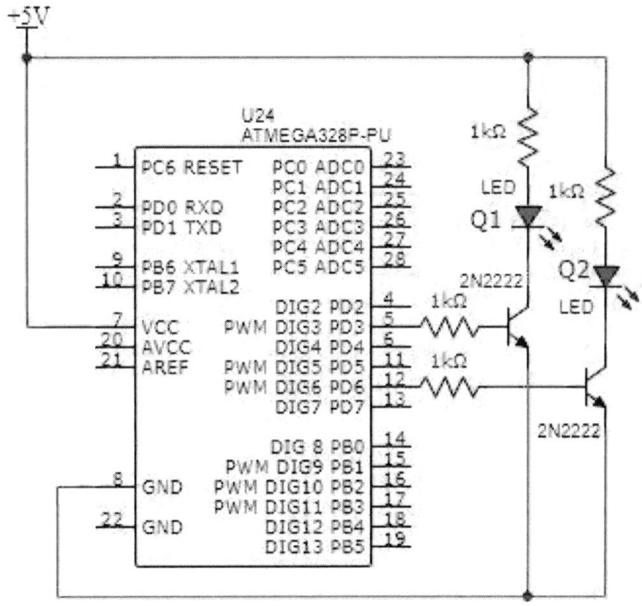

[그림 2.7.1] 윙커 회로도

사용한 프로그램은 다음과 같다.

```
void setup() {
  pinMode(3, OUTPUT);
  pinMode(6, OUTPUT);
}

void loop() {
  digitalWrite(3, HIGH);
  digitalWrite(6, LOW);
  delay(500);
  digitalWrite(3, LOW);
  digitalWrite(6, HIGH);
  delay(500);
}
```

2.7.2 보행자 신호등(a)

포트 3번에 빨간색 LED, 6번에 초록색 LED를 트랜지스터를 이용해 그림 2.7.2와 같이 연결한다.

이것은 회로 2.7.1 윙커와 같으며, 프로그램에서 0.5초 간격 대신 10초 간격으로 깜박이는 것으로 바꾸면 된다. 즉 2.7.1 프로그램에서 delay(500)을 delay (10000)으로 바꾸면 된다.

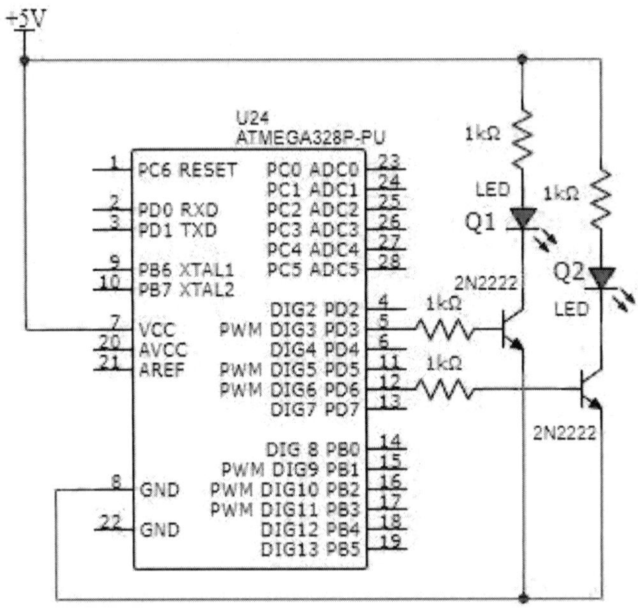

[그림 2.7.2] 보행자 신호등 회로도

2.7.3 보행자 신호등(b)

프로그램은 포트 3번과 6번을 출력으로 설정하고, 포트 3번에 1을 출력하고 포트 6번은 0을 출력한다. 그리고 10초를 기다린다. 포트 3번에 0을 출력하고 포트 6번은 1을 출력한다. 그리고 다시 5초를 기다린 후 6번 포트에 0을 출력하고, 0.5초를 기다린 후 6번 포트에 1을 출력하고 0.5초를 기다린다. 이것을 5회 반복한다.

프로그램은 다음과 같다.

```
void setup() {
  pinMode(3, OUTPUT);
  pinMode(6, OUTPUT);
}

void loop() {
  digitalWrite(3, HIGH);
  digitalWrite(6, LOW);
  delay(10000);
  digitalWrite(3, LOW);
  digitalWrite(6, HIGH);
  delay(5000);
  for (int i = 0; i < 5; i++)
  {
    digitalWrite(6,LOW);
    delay(500);
    digitalWrite(6,HIGH);
    delay(500);
  }
}
```

2.7.4 차량과 보행자 신호등

포트 3번과 6번은 보행자 신호등용으로 사용하고 포트 9, 10, 11번을 차량용 신호등으로 사용한다. 포트 9번에 빨간색, 10번에 노란색, 그리고 11번에 초록색 LED는 트랜지스터를 이용해 그림 2.7.4와 같이 연결한다.

초록색과 노란색의 차량용 신호등이 켜져 있을 때는 보행자 신호는 무조건 빨간색이다. 차량용 신호등을 먼저 켜자.

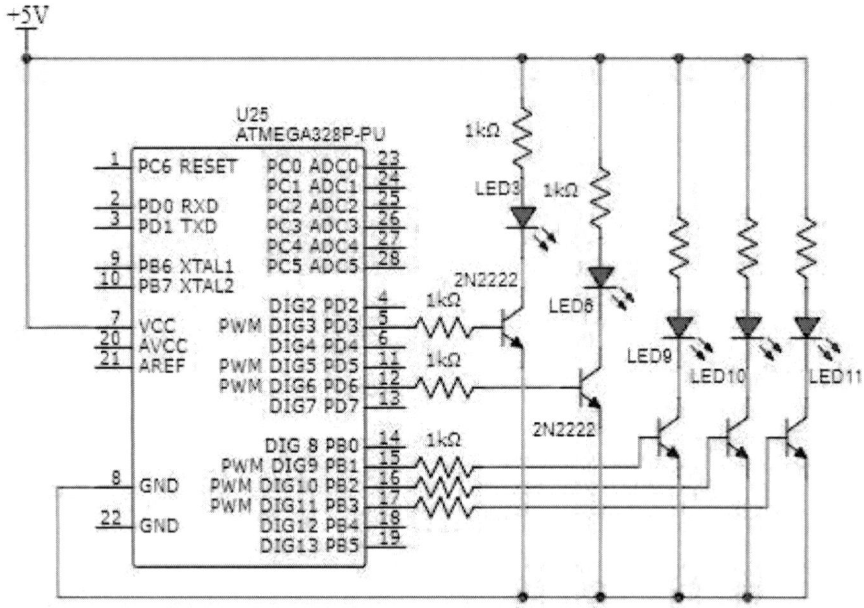

[그림 2.7.4] 차량과 보행자 신호등 회로도

프로그램은 다음과 같다.

```
void setup() {
  pinMode(3, OUTPUT);
  pinMode(6, OUTPUT);
  pinMode(9, OUTPUT);
  pinMode(10, OUTPUT);
  pinMode(11, OUTPUT);
}

void loop() {
  vehicle();
  pedestrain();
}
```

```
void vehicle() {
  digitalWrite(9, LOW);
  digitalWrite(10, LOW);
  digitalWrite(11, HIGH);
  digitalWrite(3, HIGH);
  digitalWrite(6, LOW);
  delay(10000);
  digitalWrite(11, LOW);
  digitalWrite(10, HIGH);
  delay(1000);
  digitalWrite(10, LOW);
  digitalWrite(9, HIGH);
}

void pedestrain() {
  digitalWrite(3, LOW);
  digitalWrite(6, HIGH);
  delay(5000);
  for (int i = 0; i < 5; i++)
  {
    digitalWrite(6,LOW);
    delay(500);
    digitalWrite(6,HIGH);
    delay(500);
  }
}
```

트랜지스터 어레이 사용은 다음과 같다.

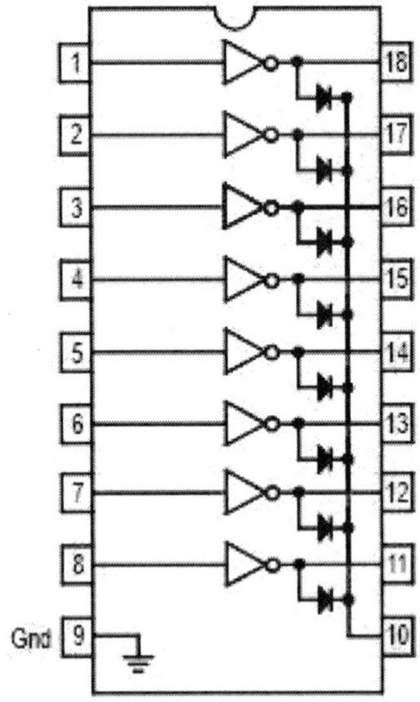

[그림 2.7.5] ULN2804A 핀 연결도

이 경우는 출력 포트를 5개 사용하므로 5개 포트에 트랜지스터 5개와 저항 등을 연결하면 회로가 아주 복잡하다. 이때 트랜지스터 어레이 IC와 어레이 저항을 사용하면 회로가 간단해진다.

트랜지스터 어레이로 ULN2804A를 사용했는데 ULN2003A 등 다른 것을 사용해도 된다. ULN2804A 핀 연결도는 그림 2.7.5에 있다. ULN2804A는 8채널 어레이로 8개 포트를 연결할 수 있다. 각 채널은 50V 500mA까지 사용할 수 있다.

[그림 2.7.6] 어레이 저항 내부 결선도

여기서 사용한 1kΩ 어레이 저항 내부 결선도는 그림 2.7.6에 있다. 저항 공통단자에 +5V를 연결하고, 다른 단자에는 각각 LED를 연결한다.

전체 회로는 그림 2.7.7에 있다.

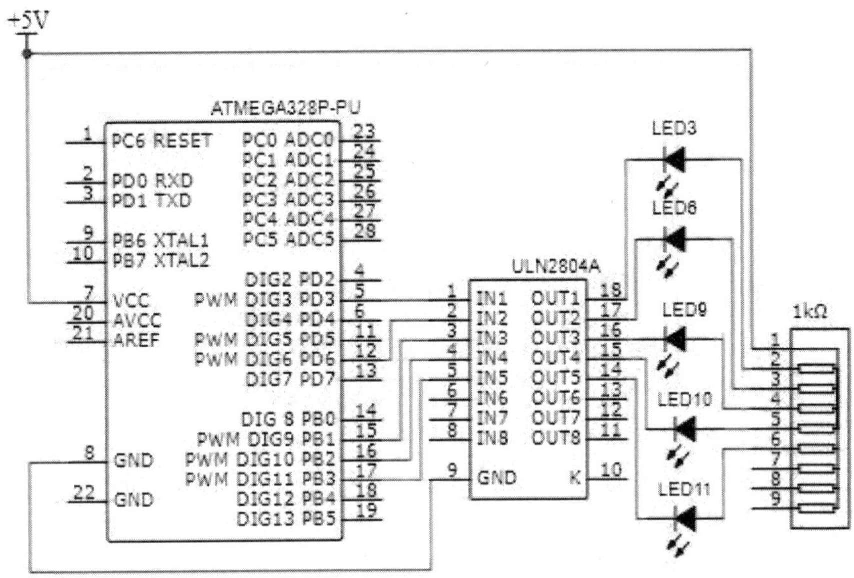

[그림 2.7.7] 트랜지스터 어레이를 사용한 회로

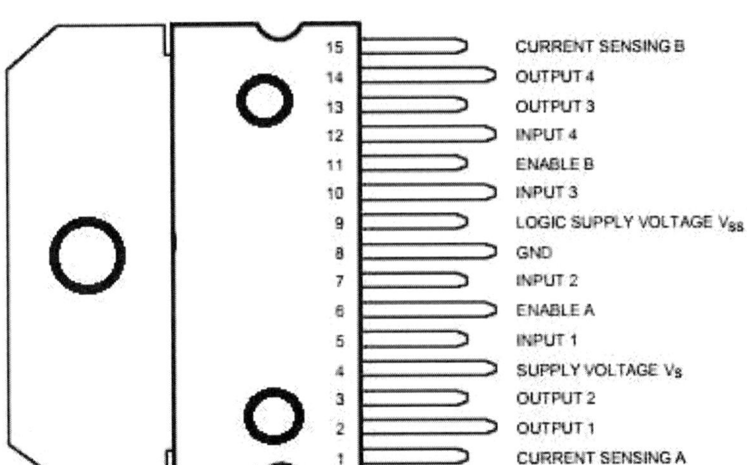

[그림 2.7.8] L298 핀 배치도

만일 모터와 같이 500mA보다 큰 전류를 제어하려면 L298을 사용하면 된다. L298은 4채널이고 포트 하나당 50V, 2A를 제어한다.

L298은 모터제어용 IC로 제일 많이 쓴다. 그림 2.7.8에 L298 핀 배치도가 있다.

사용방법은 IC 전원 Vss에 5V를 걸어주고, 채널별로 OUTPUT 단자와 GND 사이에 모터를 연결한다. 모터 구동용 전원을 Vs에 연결하고 모터 on off 신호를 ENABLE 단자에 넣어주면 된다. L298로 일반 DC 모터나 스텝 모터 모두 제어할 수 있다.

2.7.5 서보 모터 위치제어

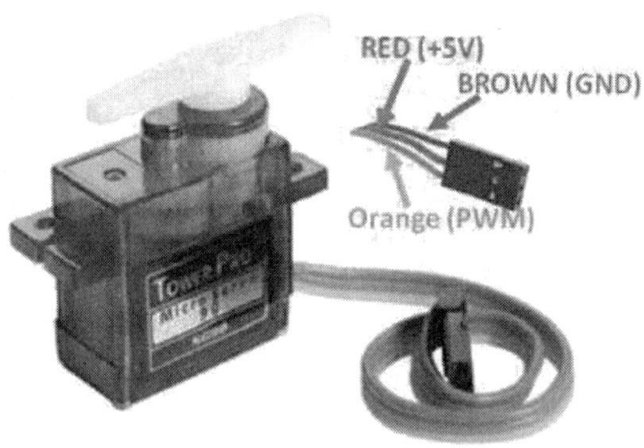

[그림 2.7.5.1] 서보 모터와 핀 기능

서보 모터는 기계적인 위치제어가 필요할 때 사용하는 장치다. 연결핀은 그림 2.7.5.1과 같이 GND와 5V 전원 그리고 신호선으로 구성되어 있고, 신호선에는 PWM 신호가 들어간다. 따라서 신호선은 arduino의 PWM 포트에 연결해야 한다.

동작범위와 토크는 서보 모터 종류에 따라 다르므로 용도에 맞는 서보 모터를 사용해야 한다. 여기에서는 그림 2.7.5.1에 있는 SG90 마이크로 서보를 사용했다.

서보 사양은 그림 2.7.5.2에 있다. 운동범위는 양방향 ±90도로 180도를 움직인다.

Servo Motor Features

Model:	SG90 Servo Motor
Control System:	PPM
Working Frequence:	1520μs / 50hz
(RX) Required Pulse:	3.3 ~ 5 Volt Peak to Peak Square Wave
Operating Voltage:	4.8 ~ 6 V DC Volts
Operating Speed (4.8v):	0.15 Sec/60 Degrees
Operating Speed (6v)	0.12 Sec/60 Degrees
Stall Torque (4.8v):	1.3kg/cm
Stall Torque (6v):	1.5kg/cm
Motor Type:	Brushed DC Motor
Gear Type:	Plastic Gears
Case Material:	Plastic
Programmable:	NO
Connector Wire Length:	24.0cm (9.4 inch)
Dimensions:	23 x 11.5 x 24mm
Weight:	9 grams

[그림 2.7.5.2] SG90 서보 사양

2.7.5.1 입력된 각도로 서보 위치 조정하기

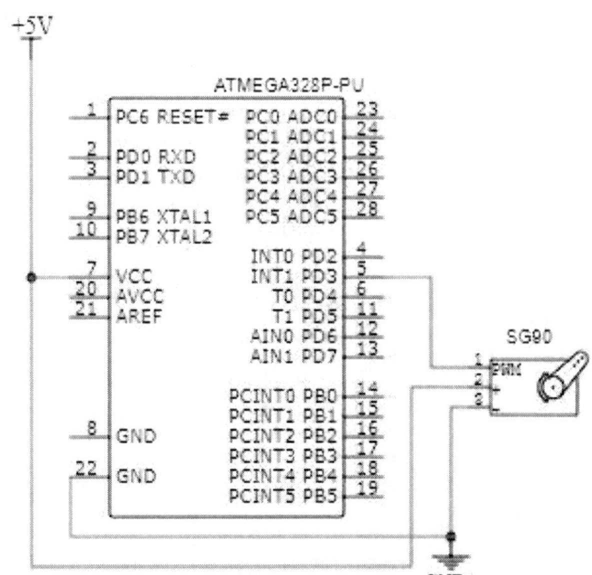

[그림 2.7.5.1.1] 입력된 각도로 서보 위치 조정을 위한 회로

시리얼 모니터를 통해서 서보의 위치값 (0 ~ 180)을 입력하고, 이 값으로 서보를 구동해서 위치를 바꾸자. 회로는 그림 2.7.5.1.1에 있다. 서보의 전원핀을 5V와 GND에 연결하고 신호선(PWM)은 arduino PWM 포트에 연결한다. 여기서는 3번 포트를 연결하여 사용한다.

프로그램은 다음과 같다.

```
# include <Servo.h>

Servo servo_1;
int pos;
String inString = "";

void setup() {
  servo_1.attach(3);
  Serial.begin(9600);
}

void loop() {
  while (Serial.available() > 0) {
    int inChar = Serial.read();
 if (isDigit(inChar)) {
      inString += (char)inChar;
    }
    if (inChar == '₩n') {
      Serial.print("Value:");
      Serial.println(inString.toInt());
      Serial.print("String: ");
      pos = inString.toInt();
      servo_1.write(pos);
      Serial.println(pos);
      inString = "";
    }
  }
}
```

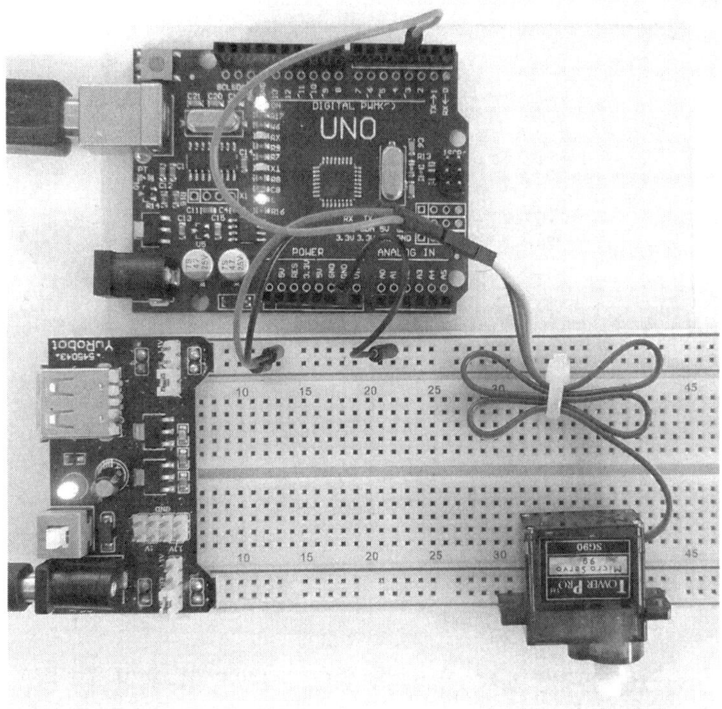

[그림 2.7.5.1.2] 입력된 각도로 서보 위치 조정회로 연결 사진

서보 제어를 위해 〈Servo.h〉 라이브러리를 사용한다. 시리얼 모니터를 이용해서 서보 위치값(0 ~ 180)을 입력받고, 이 값을 서보에 넣어 위치를 바꾸면 된다.

Servo servo_1; 서보 컨트롤을 위해서 서보 오브젝트 server_1을 만들어 사용한다.

servo_1.attach(3); 서보 제어선을 3번 포트에 연결해서 연결된 포트 번호를 서보 오브젝트와 연결한다.

2.7.5.2 가변저항으로 서보 위치 제어하기

가변저항으로 서보 위치제어를 위한 회로는 그림 2.7.5.2.1에 있다.

위치제어용 가변저항은 10kΩ을 사용하고, 아날로그 입력 포트 A0에 연결해서 가변저항 조정에 따라 입력전압이 0 ~ 5V로 변환되며, 이 전압이 A0 포트를 통해 A/D 컨버터로 입력되어 0 ~ 1023 숫자로 변환된다.

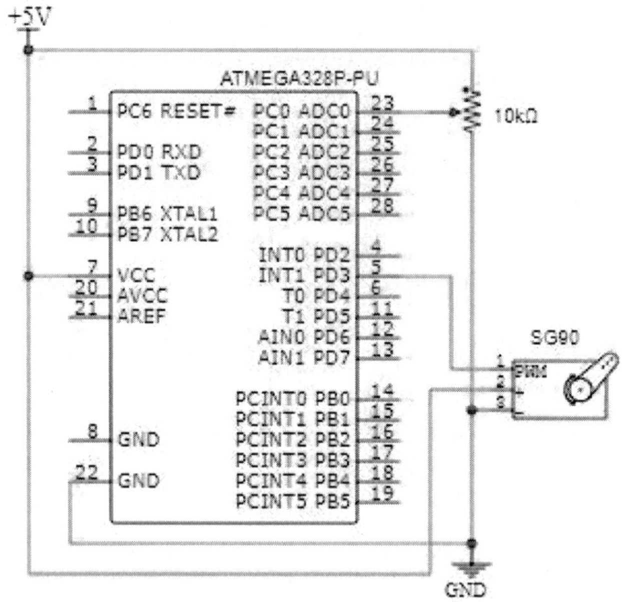

[그림 2.7.5.2.1] 가변저항으로 서보 위치 제어회로도

서보는 0~180도를 움직이므로 입력전압을 변환한 값이 0이면 0도가 되고, 1023이면 180도가 되도록 다시 변환해야 한다.

즉, 가변저항에서 입력된 값에 (180 / 1023)을 곱하면 서보가 움직이는 각도가 나온다. 이 값을 서보에 입력하면 된다.

프로그램은 다음과 같다.

```
# include <Servo.h>

Servo servo_1;
int portA0Value;
int pos;

void setup() {
  servo_1.attach(3);
```

```
  Serial.begin(9600);
}

void loop() {
  portA0Value = analogRead(A0);
  Serial.println(portA0Value);
  pos = portA0Value * (180.0/1023.0);
  Serial.println(pos);
  servo_1.write(pos);
}
```

서보 제어를 위해 〈Servo.h〉 라이브러리를 사용한다.

시리얼 입력을 한 글자씩 받아서 모으고 enter 값이 들어오면 enter 값 전까지 받은 값을 숫자로 변환해서 그 값을 서보에 써넣는다.

이때 입력한 값이 0 ~ 180 사이의 값이어야 한다.

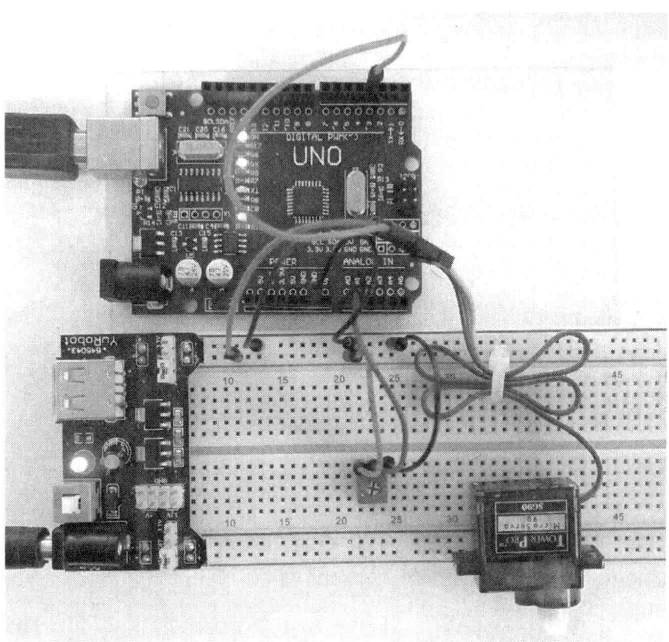

[그림 2.7.5.2.2] 가변저항으로 서보 위치 제어회로 연결 사진

2.8 인터럽트

인터럽트의 사전적 의미는 어떤 일이 진행되는 동안 중간에 그 일의 진행을 막는 것을 말한다. 컴퓨터에서도 그 의미는 정확히 같다. 즉 어떤 프로세스가 진행되는데 외부에서 그 프로세스를 정지시키는 신호를 인터럽트라고 한다. 인터럽트가 발생하면 진행하던 프로세스를 멈추고 인터럽트를 처리한 후에 다시 이어서 프로세스를 진행하게 된다.

어떤 물리량을 센서를 이용해서 측정하는 방법은 마이크로 컨트롤러가 측정이 필요할 때 측정명령을 주어 측정하는 방법이 가장 일반적이 방법이다. 그러나 정확한 시간 간격으로 주기적 측정하는 경우나 측정대상에 변화가 있을 때 등 어떤 이벤트가 발생했을 때 만 측정하려면 마이크로 컨트롤러가 측정이 필요한 때를 알기 어렵다. 따라서 측정이 필요한 때에 어떤 신호를 마이크로 컨트롤러에 주고, 이 신호가 들어오면 측정명령을 주어 측정하면 된다.

측정이 필요한 때를 외부에서 마이크로 컨트롤러에 알려주는 신호가 인터럽트다. 물론 마이크로 컨트롤러에 하드웨어인터럽트 입력단자가 있어야 하고 이를 처리하는 코어 프로그램이 내장되어 있어야 인터럽트 처리가 가능하다. Atmel328P 칩에는 2번과 3번 포트 즉 두 개의 인터럽트 처리용 입력이 있다.

2.8.1 타이머 인터럽트를 이용한 주기적 측정

정확한 시간 간격으로 반복된 측정이 필요한 경우에는 마이크로 컨트롤러에 내장된 타이머를 사용하면 된다. 이 경우 내부에서 타이머가 인터럽트를 발생시키므로 하드웨어적으로 핀을 연결할 필요는 없다.

여기서는 가장 간단한 MsTimer2 사용법을 소개한다. 타이머를 사용하기 위해서는 먼저 타이머 라이브러리를 설치해야 한다. 설치방법은 먼저 Sketch → Include Library → Manage Libraries...에서 라이브러리 메니저를 열고 MsTimer를 찾으면 그림 2.8.1.1과 같이 라이브러리가 보이고 이를 설치하면 된다. 타이머 라이브러리에 따라 여러 기능이 있고 사용방법도 각각 다르다.

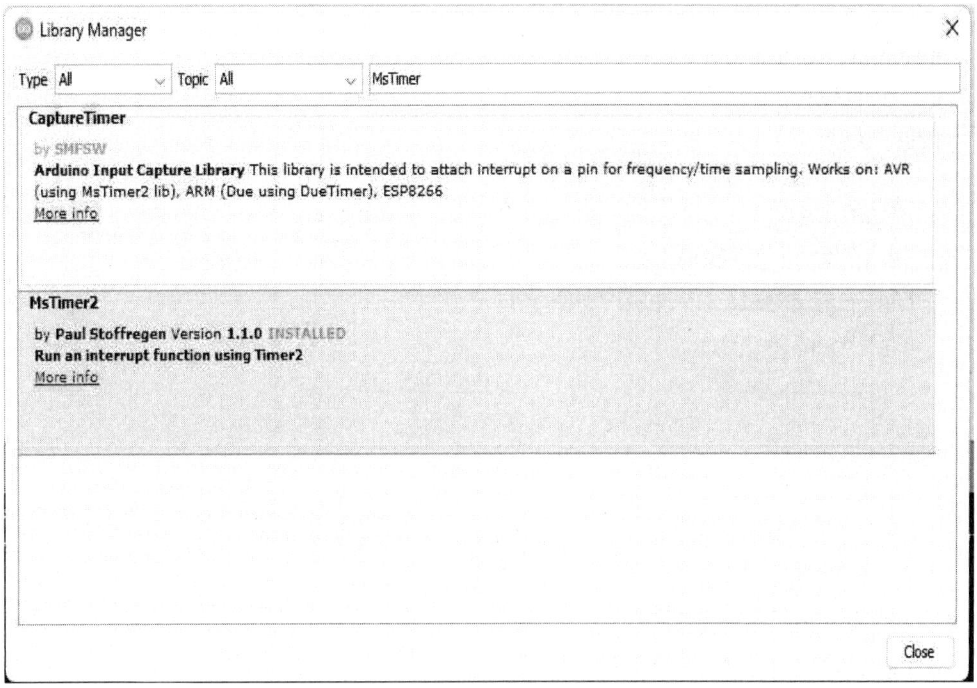

[그림 2.8.1.1] MsTimer2 설치

MsTimer2의 기본 명령어는 3개로 구성되어 있다.

MsTimer2::set(unsigned long ms, void (*f)())

타이머 세팅으로 unsigned long ms에 숫자를 넣으면 ms 단위로 뒤에 정의된 void (*f)() 함수를 실행한다. 타이머에서는 리턴 값을 처리하지 않으므로 반드시 void 함수를 사용해야 한다.

MsTimer2::start() → 타이머를 동작시키는 명령

MsTimer2::stop() → 타이머를 멈추는 명령

다음은 10ms 간격으로 A0 아날로그 포트에서 전압을 읽어서 시리얼 모니터에 표시하는 프로그램이다. 이때 사용한 회로는 그림 2.8.1.2와 같다.

```
#include <MsTimer2.h>
int portA0Value;
float volt;

void setup() {
  Serial.begin(57600);
  MsTimer2::set(10, readVoltage);
  MsTimer2::start();
}

void loop() {
}

void readVoltage() {
  digitalWrite(5, HIGH);
  portA0Value = analogRead(A0);
  volt = portA0Value * 5.0 /1024.0;
  Serial.print(volt);
  Serial.println("V");
  digitalWrite(5, LOW);
}
```

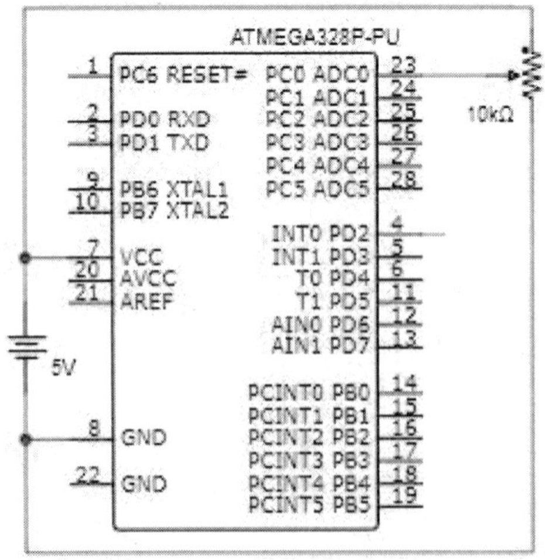

[그림 2.8.1.2] 아날로그 입력 신호읽기

readVoltage() 함수에서 5번 포트에 HIGH, LOW를 넣은 것은 10ms 간격으로 데이터를 샘플링 하는지 오실로스코프를 이용해서 확인하려는 것이다.

그림 2.8.1.3과 같이 정확히 10ms 간격으로 피크가 보이므로 타이머 인터럽트는 설정한 대로 정확히 동작하는 것이 확인된다.

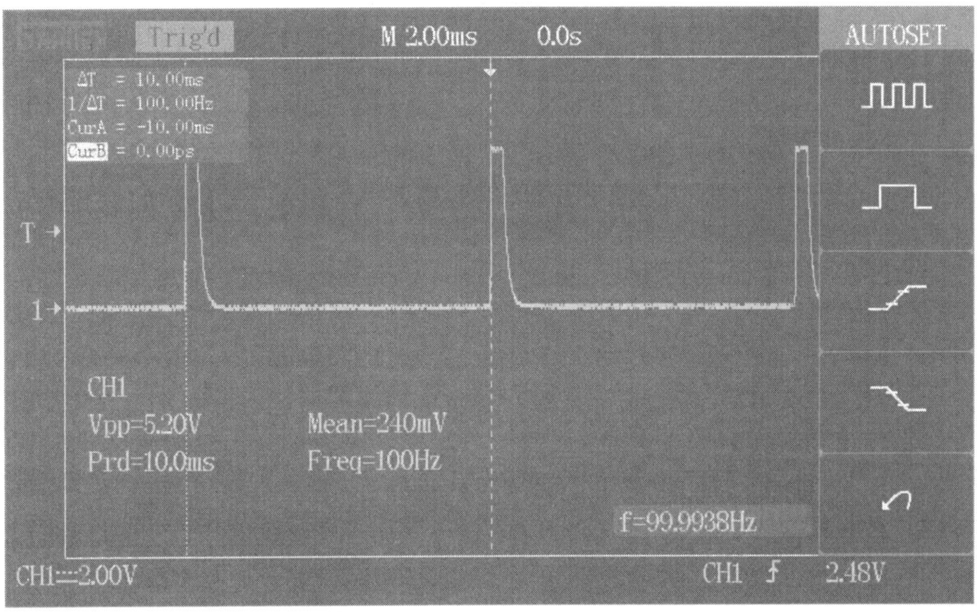

[그림 2.8.1.3] 오실로스코프로 확인한 샘플링 시간 간격

2.8.2 외부 인터럽트 신호에 따라 측정

포토인터럽터를 이용해서 외부 인터럽트 신호에 따라 측정하는 방법을 알아보자.

포토인터럽터는 그림 2.8.2.1과 같이 발광부와 수광부가 같이 있는 구조로 발광부에서 빛이 나와 수광부로 들어가면 OUT 단자에서 5V 신호가 나온다. 또한 발광부와 수광부 사이에 장애물이 있어서 빛이 수광부로 들어오지 못하면 OUT 단자에서는 0V가 나온다.

만일 발광부와 수광부 사이에 어떤 물체가 지나간다면 OUT 단자 출력 신호는 5V가 나오다가 물체가 지나가는 동안 빛이 수광부로 들어오지 못해서 0V로 떨어지고, 물체가 다 지나가면 다시 5V로 된다. 즉, 물체가 지나가는 동안만 출력신호는 0V가 나온다.

[그림 2.8.2.1] 포토인터럽터

인터럽트 신호는 5V에서 0V로 떨어졌다가 다시 5V가 되는 뒤집힌 펄스 형태로 나타난다. 인터럽트 처리는 5V에서 0V로 떨어질 때 또는 0V에서 5V로 회복될 때 두 경우 중 선택을 측정상황에 맞게 선택하면 된다. 테스트 회로는 그림 2.8.2.2에 있다.

인터럽트 설정명령은 다음과 같다.

```
attachInterrupt(digitalPinToInterrupt(interruptPin), readVoltage, FALLING);
```

attachInterrupt 명령어의 첫 번째 인수 interruptPin에 인터럽트 신호가 연결된 핀 번호를 넣는다. 이 경우는 2번을 사용했다.

두 번째 인수는 인터럽트 처리함수로 전압을 읽어서 시리얼 모니터로 보내는 readVoltage() 함수를 지정한다.

세 번째 인수는 FALLING으로 인터럽트는 신호가 5V에서 0V로 떨어질 때 발생하도록 한다.

세 번째 인수는 다음 4가지 중 선택할 수 있다.

① FALLING : 인터럽트 신호가 5V에서 0V로 바뀔 때

② RISING : 인터럽트 신호가 0V에서 5V로 바뀔 때

③ CHANGE : 인터럽트 신호가 5V에서 0V로 바뀔 때와 0V에서 5V로 바뀔 때 모두

④ LOW : 인터럽트 신호가 0V인 동안 반복적으로 인터럽트를 발생시킨다. 인터럽트 시간 간격은 프로그램 처리시간에 따라 달라진다.

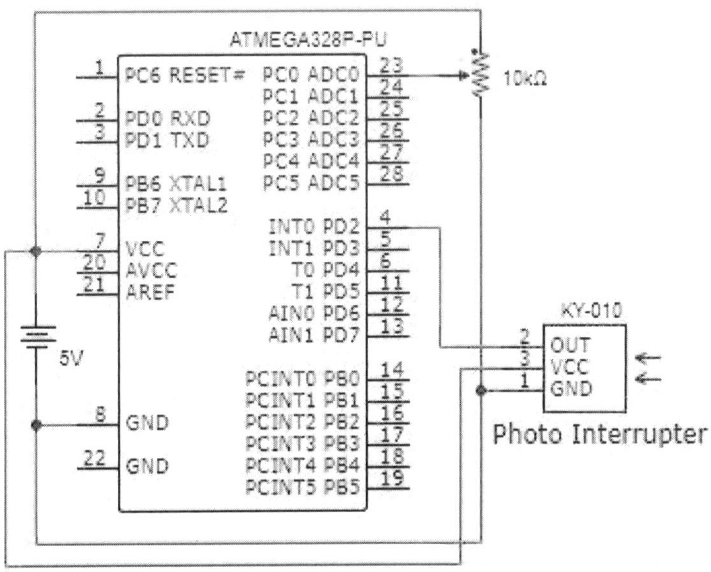

[그림 2.8.2.2] 포토인터럽터를 사용한 측정시간 선택

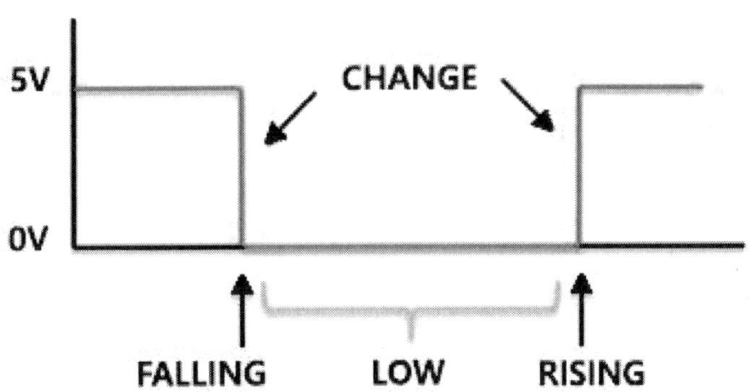

[그림 2.8.2.3] 인터럽트 신호와 인터럽트 발생 위치

프로그램은 다음에 있다.

프로그램을 업로드하고 시리얼 모니터를 열어 준비한다. 포토인터럽터 사이에 종이를 넣다 뺐다 하면 종이를 넣을 때마다 값이 출력되는 것을 볼 수 있다.

```
int interruptPin = 2;
int portA0Value;
float volt;

void setup() {
  Serial.begin(57600);
  attachInterrupt(digitalPinToInterrupt(interruptPin), readVoltage, FALLING);
}

void loop() {
}

void readVoltage() {
  digitalWrite(5, HIGH);
  portA0Value = analogRead(A0);
  volt = portA0Value * 5.0 /1024.0;
  digitalWrite(5, LOW);
  Serial.print(volt);
  Serial.println("V");
}
```

인터럽트 명령 세 번째 인수가 LOW일 때 인터럽트 발생시간 간격을 알기 위해 위 프로그램에서 attachInterrupt(digitalPinToInterrupt(interruptPin), readVoltage, LOW); 만 바꾸어 시간 간격을 측정하면 그림 2.8.2.4와 같이 1.19ms 간격으로인터럽트가 발생하는 것을 알 수 있다. 이 시간 간격은 내부 프로그램을 처리하는 데 걸리는 시간이 포함되므로 프로그램에 따라 시간 간격이 달라진다.

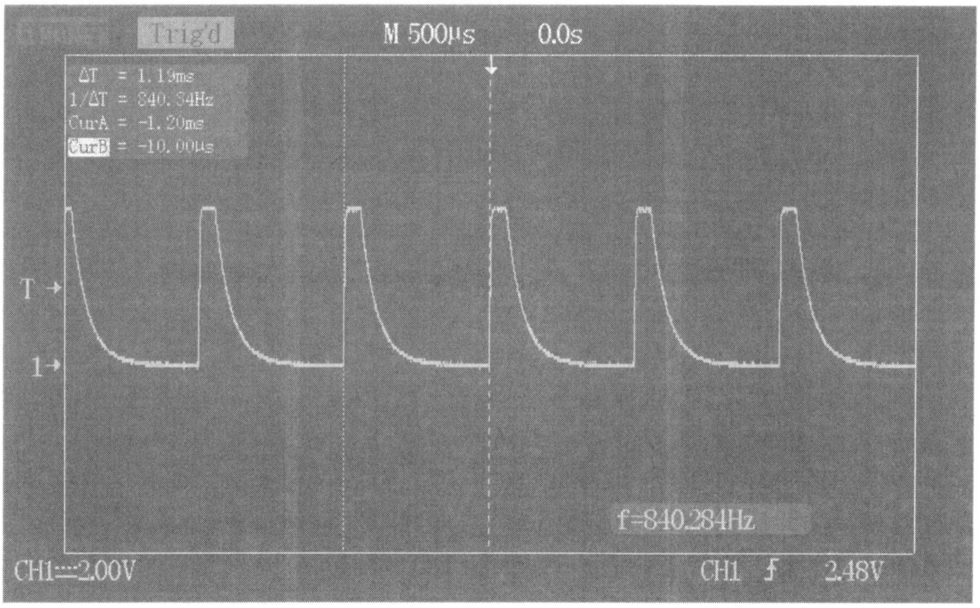

[그림 2.8.2.4] 인수가 LOW일 때 인터럽트 발생 간격 1

인터럽트 처리함수인 readVoltage 함수에서 다음과 같이 Serial.println("V")을 주석 처리하여 프로그램을 실행시키면 인터럽트 발생 간격이 그림 2.8.2.2.5와 같이 680μs로 바뀐다. 즉 Serial.println("V"); 명령을 처리하는데 약 510μs가 걸린 것이다.

```
void readVoltage() {
  digitalWrite(5, HIGH);
  portA0Value = analogRead(A0);
  volt = portA0Value * 5.0 /1024.0;
  digitalWrite(5, LOW);
  Serial.print(volt);
  //Serial.println("V");
}
```

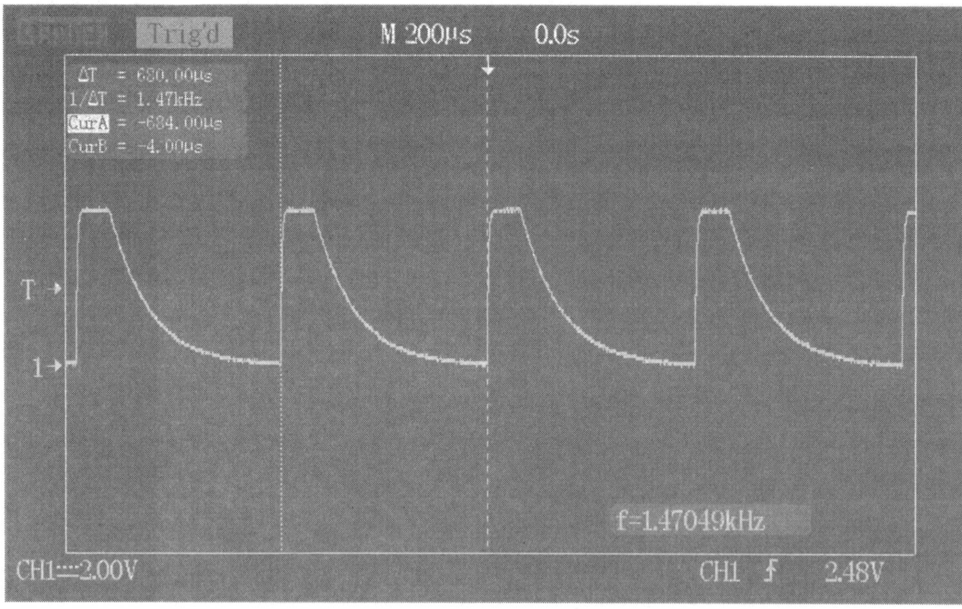

[그림 2.8.2.5] 인수가 LOW일 때 인터럽트 발생 간격 2

인터럽트 명령어 세 번째 인수가 LOW일 때 인터럽트 시간 간격은 프로그램과 마이크로 컨트롤러 클록 주파수에 따라 달라지므로 꼭 확인하고 사용해야 한다.

2.9 통 신

여기서 통신은 서로 독립된 시스템 사이에서 정보를 주고받는 방법을 말한다.

통신은 방법에 따라 직렬(Serial)통신과 병렬(Parallel)통신, 또는 동기식(Synchronous)과 비동기식(Asynchronous)으로 구분할 수 있다. 병렬통신은 모두 동기식 통신을 사용하지만 직렬통신은 동기식과 비동기식을 선택적으로 사용한다. 동기식 통신의 경우 동기 기준이 되는 클록 신호를 보내주는 신호선(클록선)이 하나 물리적으로 추가된다.

직렬과 병렬통신의 물리적인 차이는 데이터 선의 수 차이로 나타난다. 데이터 선이 하나 또는 둘로 연결된 경우가 직렬통신 방식이고, 데이터 선이 8비트 또는

16비트 데이터를 동시에 보내기 위해 8개 또는 16개로 연결되어 있으면 병렬통신이다. 예전에는 장비 연결을 위해 병렬통신을 사용했지만, 지금은 거의 쓰지않고 모두 직렬통신 방법을 사용한다. 대표적인 것이 프린터 연결이다. 컴퓨터에 LPT 포트가 있었고, 이것을 이용해서 컴퓨터와 프린터를 8비트 병렬통신 방법으로 연결했지만, 지금은 USB(Universal Serial Bus)로 대체되고 병렬통신용 LPT 포트가 컴퓨터에 없다. USB는 지금 가장많이 사용하는 대표적인 비동기식 직렬통신이다.

측정기기 연결에는 GP-IB 또는 IEEE-488이라는 병렬통신 방법을 이용했는데 이것도 지금은 USB가 대체하고 있다. 따라서 현재 병렬통신은 시스템 내부에서 통신하는 것 외에는 거의 보기 어렵다.

병렬통신의 가장 큰 장점은 직렬통신보다 데이터 선이 많아 직렬통신으로 8번 데이터를 보내야 1바이트가 전송되는데 병렬통신은 한 번만 보내면 되므로 이론상으로 속도가 8배 빠른 것이다. 그러나 거리가 멀어지면 병렬통신은 통신 에러가 일어나는 확률이 직렬통신에 비해 매우 크고, 지금은 직렬통신의 속도가 매우 빨라져서 거리가 멀어지면 통신 오류가 많은 병렬통신보다 직렬통신이 더 빠르므로 지금은 대부분 직렬통신을 사용한다.

직렬통신에는 표준이 되는 RS232C가 있는데 지금과 같이 네트워크가 발달하지 않았던 때에 모뎀과 PC를 연결하는데 사용해서 잘 알려져 있다. RS232C는 비동기식 직렬통신 방법을 사용하고 모든 직렬통신의 기초가 된다. RS232C 신호선 배치는 그림 2.9.1과 같다.

D-Sub 25P(TM)	
Pin No	Signal
1	FG
2	TXD
3	RXD
20	DTR
6	DSR
4	RTS
5	CTS
7	GD
25	RESET

[그림 2.9.1] RS232C 신호선

각 신호선은 다음과 같다.

- FG – Frame Ground
- TxD – Transmitted Data
- RxD – Received Data
- DTR – Data Terminal Ready
- DSR – Data Set Ready
- RTS – Request To Send
- CTS – Clear To Send
- GD – Data Ground

RS232C 사이의 가장 간단한 연결방법은 송신과 수신 선을 서로 엇갈리게 연결하고 데이터 접지선을 연결하는 방법으로 세 가닥 선만 사용하고, 연결방법은 그림 2.9.2에 있다.

RS422는 RS232C를 기반으로 데이터를 보내고 받는 신호선에 차동증폭을 이용해서 전송거리를 늘리기 위해 개발되었다. 지금 일반적인 PC 네트워크로 사용하는 LAN(Local Area Network)도 시리얼 통신이다. 또한 우리에게 익숙한 USB 역시 직렬통신이다.

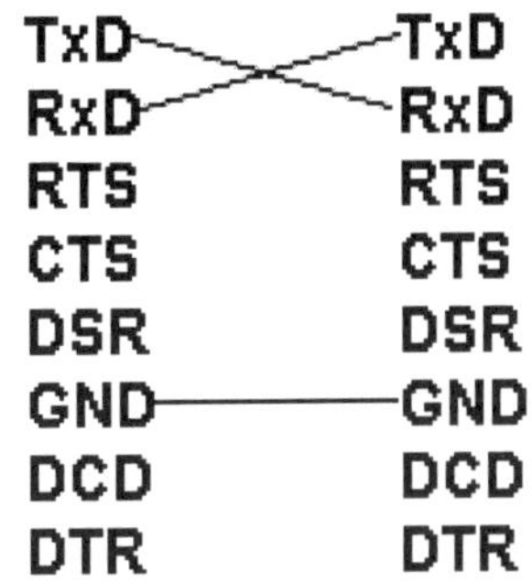

[그림 2.9.2] RS232C 연결

또한 이동용 데이터 저정장치로 많이 사용하는 USB 메모리도 컴퓨터와 메모리 사이의 통신방법은 USB를 이용한 직렬통신이다.

2.9.1 절에서 이야기하는 I2C 통신과 뒤에서 다루게 될 SPI 통신 모두 직렬통신이다.

직렬통신도 통신방법에 따라 반이중통신(half-duplex)과 전이중통신(full-duplex)으로 나눈다. full-duplex 통신은 한 번에 송신과 수신을 동시에 할 수 있으나 half-duplex 통신은 송신과 수신을 동시에 할 수 없는 차이가 있다. 따라서 디지털 통신에선 full-duplex로 통신하기 위해서는 송신선과 수신선이 각각 따로 있어야 하지만 half-duplex 통신은 송·수신선 구분없이 하나의 선만으로도 통신할 수 있다.

통신선을 하나만 사용해서 통신할 때도 송신과 수신 주파수를 분리해서 통신하면 full-duplex 통신을 할 수 있지만 장치가 복잡해져서 일반적으로 디지털 기기 사이의 full-duplex 통신은 송신선과 수신선을 분리해서 사용한다.

USB 통신은 버전에 따라 half-duplex 통신과 full-duplex 통신을 사용한다. USB 2.0은 half-duplex 통신만 사용하고, USB 3.0 이상은 half-duplex 통신과 full-duplex 통신 모두를 사용해서 하위 호환이 가능하다. 즉 USB 3.0과 USB 2.0은 서로 연결이 가능하다.

2.9.1 I2C (Inter-Integrated Circuit) 통신

I2C 통신은 직렬통신을 위한 프로토콜 중 하나이다. I2C 통신은 half-duplex 동기식 직렬통신으로 물리적으로 두 개의 신호선이 필요하다. 하나는 동기를 위한 클록 신호선 SCL과 데이터 다른 하나는 데이터 신호선 SDA다. half-duplex 통신을 사용해서 데이터 신호선이 하나이다.

I2C는 마스터 장치와 슬레이브 장치로 구성된다. 하나의 마스터 장치에 127개까지 슬레이브 장치를 연결할 수 있다. 연결 시 주의할 점은 신호선이 장치와 오픈 컬렉터로 연결되기 때문에 반드시 5V 전원선과 클록선, 그리고 전원선과 신호선 사이에는 풀업 저항을 넣어야 한다. 풀업 저항은 I2C 사양에 1kΩ~7kΩ 저항을 사용하라고 되어 있는데 보통 4.7kΩ을 많이 쓰고, 통신 속도가 빠르다면 2kΩ 저항을 사용하기도 한다. 그림 2.9.1.1에 I2C 통신을 위한 연결도를 나타냈다.

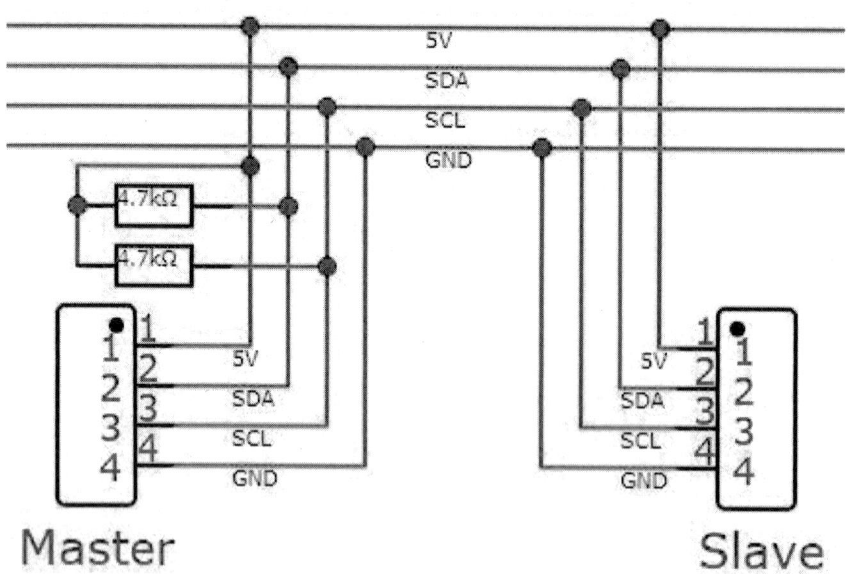

[그림 2.9.1.1] I2C 연결도

I2C 통신에서 모든 통신의 권한은 마스터 장치에 있다. 클록 신호도 SCL을 통해서 마스터 장치가 송출한다.

마스터가 슬레이브 1에 명령하고 싶다면 슬레이브 1의 주소를 먼저 보내고 명령(데이터)을 보낸다. 다른 장치들이 같이 연결되어 있다면 다른 장치들은 자기 주소가 아니므로 명령을 무시한다.

슬레이브 1이 받은 명령이 '데이터를 보내라' 라면 마스터 주소와 데이터를 전송하고 마스터는 자기 주소로 온 데이터를 받는다. 따라서 모든 슬레이브 장치들은 마스터 장치의 지시에 따라 마스터 장치와 통신할 수 있으나 슬레이브 장치끼리는 직접 통신할 수 없다. 만일 슬레이브 장치1에서 측정한 데이터를 슬레이브 장치2에 보내려면 마스터 장치가 슬레이브 장치1에서 데이터를 받아서 슬레이브 장치2로 보내주어야 한다. I2C 통신 데이터 구조는 그림 2.9.1.2에 있다. 그림에서처럼 먼저 주소를 보내고 그 뒤에 데이터를 보내서 누가 이 데이터를 받아야 하는지를 지정한다.

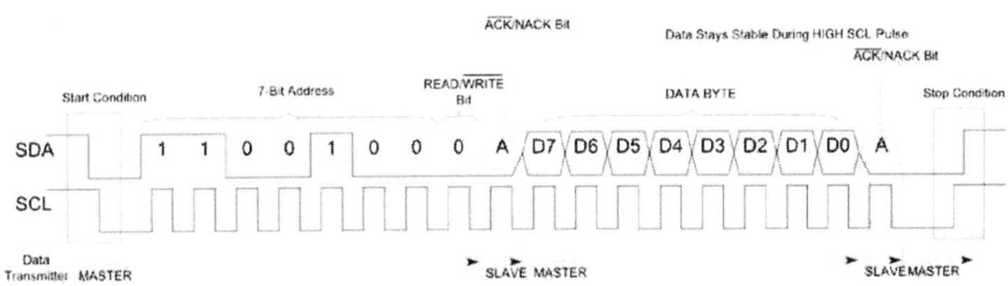

[그림 2.9.1.2] I2C 통신 데이터 구조

2.9.1.1 I2C를 이용한 LCD 디스플레이

16X2 LCD 디스플레이를 사용해보자. 16X2는 가로로 한 줄에 16글자를 두 줄 표시할 수 있는 디스플레이다.

LCD 디스플레이와 Arduino를 I2C를 이용해서 그림 2.9.1.1.1과 같이 연결한다. Arduino와 LCD 디스플레이 I2C 연결은 SDA와 SCL을 서로 연결하고, LCD 디스플레이의 전원 VCC와 GND도 같이 연결한다. Arduino의 경우에 LCD 디스플레이 측의 Vcc와 GND는 각각 5V와 GND에 연결한다. SCL은 SCL로 표시된 핀 또는 A5에 연결하면 되고 SDA는 SDA로 표시된 핀 또는 A4에 연결하면 된다.

[그림 2.9.1.1.1] LCD 디스플레이와 Arduino 연결

I2C 장치와 통신하기 위해서는 먼저 장치의 주소를 알아야 하는데 주소는 대부분 하드웨어 스위치로 구성되어 있다. 장치 설명서를 참고해서 주소를 알아내면 된다. 만일 주소에 대한 정보가 없다면 장치 하나만 연결하고 프로그램으로 주소를 알아내도 된다.

I2C 주소를 알아내는 프로그램은 다음과 같고, 이를 이용해서 LCD 디스플레이 주소를 알아낸다.

Wire.h는 I2C통신을 위한 프로그램 라이브러리로 Arduino 프로그램을 받아 설치하면 자동으로 설치되어 파일을 따로 받아 넣을 필요는 없다.

```
#include <Wire.h>
void setup()
{
Wire.begin();
```

```
Serial.begin(9600);
Serial.println("₩nI2C Scanner");
}
void loop()
{
byte error, address;
int Devices;
Serial.println("Scanning...");
Devices = 0;
for(address = 1; address < 127; address++ )
{

Wire.beginTransmission(address);
error = Wire.endTransmission();
if (error == 0)
{
Serial.print("I2C device found at address 0x");
if (address<16)
Serial.print("0");
Serial.print(address,HEX);
Serial.println("  !");
Devices++;
}
else if (error==4)
{
Serial.print("Unknown error at address 0x");
if (address<16)
Serial.print("0");
Serial.println(address,HEX);
}
}
if (Devices == 0)
```

```
Serial.println("No I2C devices found₩n");
else
Serial.println("done₩n");
delay(5000);
}
```

[그림 2.9.1.1.2] LCD 디스플레이 I2C 주소

LCD 디스플레이를 연결하고 이 프로그램을 돌린 결과 시리얼 모니터를 통해 그림 2.9.1.1.2와 같이 주소가 16진으로 0x3F임을 알 수 있다.

LCD 디스플레이를 사용하기 위해서 LiquidCrystal_I2C.h 라이브러리 파일이 필요한데 이것도 Arduino 프로그램을 받아 설치하면 자동으로 설치된다. 설치가 되어 있다면 그림 2.9.1.1.3과 같이 메뉴에서 Sketch → Include Library 아래에 LiquidCrystal I2C 메뉴를 확인할 수 있고, 선택하면 프로그램에 #include가 자동 생성된다.

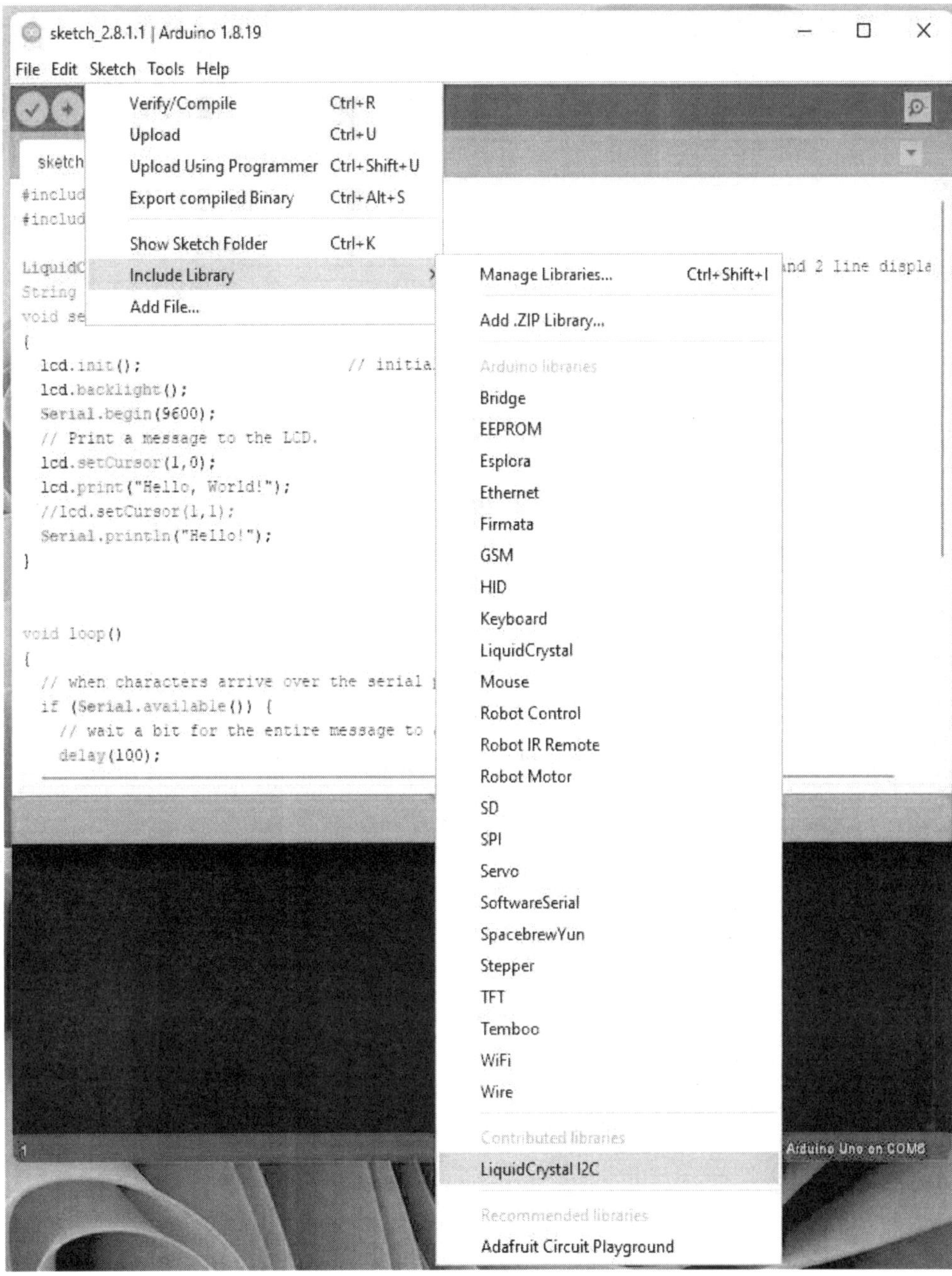

[그림 2.9.1.1.3] 라이브러리 검색

만일 라이브러리에 없다면 그림 2.9.1.1.4와 같이 Sketch → Include Library → Manage Libraries...에 들어가서 필요한 라이브러리를 추가하면 된다.

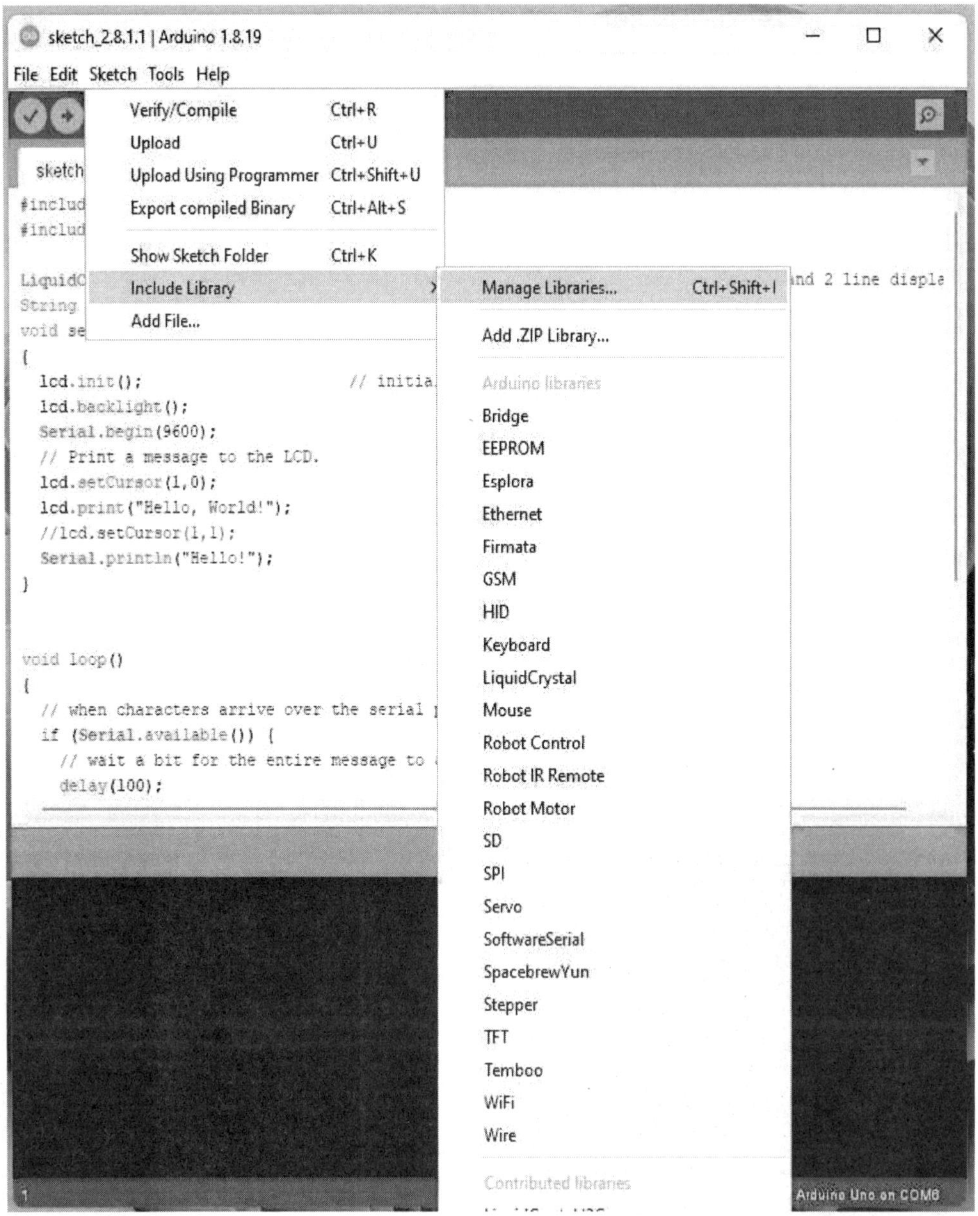

[그림 2.9.1.1.4] 라이브러리 매니저

Manage Libraries...에 들어가면 그림 2.9.1.1.5와 같이 Library Manager 창이 열리고 설치되었거나 설치할 수 있는 모든 라이브러리 리스트가 나타난다. Library Manager 창 위에 라이브러리 이름으로 찾을 수 있는 검색 창이 있고 여기에 검색어를 넣어 검색하면 원하는 라이브러리를 찾을 수 있다.

이미 설치된 라이브러리는 INSTALLED로 표시되며 version 업데이트가 있다면 필요에 따라 version 업데이트하면 된다.

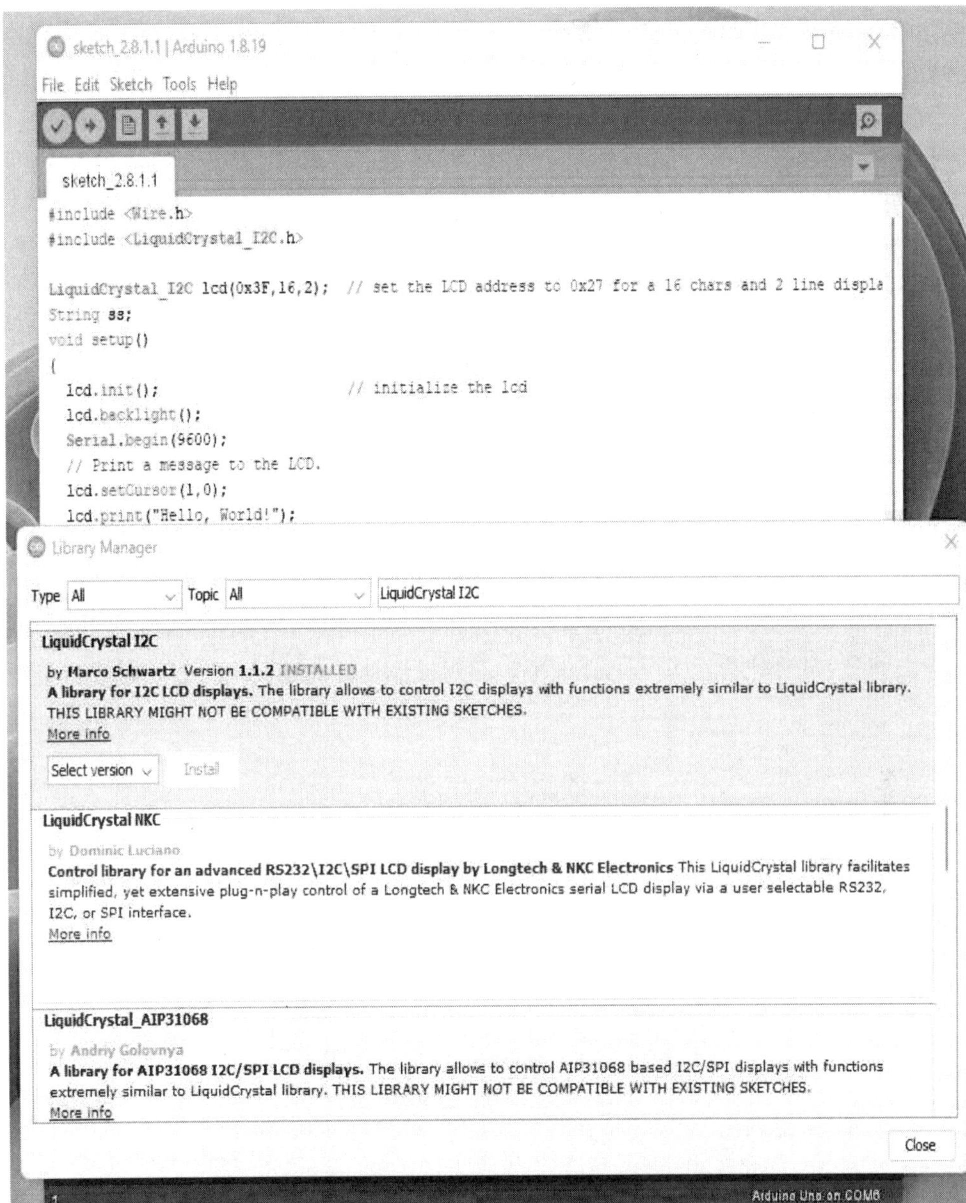

[그림 2.9.1.1.5] 라이브러리 추가

다음 프로그램으로 LCD 디스플레이에 글씨를 써 보자.

```
#include <Wire.h>
#include <LiquidCrystal_I2C.h>
LiquidCrystal_I2C lcd(0x3F,16,2);
void setup()
{
  lcd.init();
  lcd.backlight();
  lcd.setCursor(1,0);
  lcd.print("Hello, World!");
}

void loop()
{
}
```

프로그램을 실행하면 그림 2.9.1.1.6과 같이 Hello, World! 글씨를 볼 수 있다.

[그림 2.9.1.1.6] LCD 디스플레이에 표시

#include 〈Wire.h〉는 I2C통신을 위한 라이브러리이고,

#include 〈LiquidCrystal_I2C.h〉는 LCD 디스플레이용 라이브러리이다.

프로그램에서는 LCD 디스플레이용 라이브러리에 통신 명령이 모두 들어 있어서 우리가 직접 통신 프로그램을 만들 필요가 없다.

LiquidCrystal_I2C lcd(0x3F,16,2); LCD 디스플레이용 라이브러리에 내장된 명령으로 I2C 주소는 0x3F를 사용하고, 한 줄에 16글자씩 두 줄을 사용한다는 세팅값이다.

lcd.init(); LCD 디스플레이 모듈을 초기화한다.

lcd.backlight(); LCD 백라이트를 켠다.

lcd.setCursor(1,0); 글자 쓸 위치를 첫째 줄 한 칸 띈 위치로 정한다. 뒤에 0은 첫째 줄을 의미하고 앞에 1이 둘째 칸을 의미한다.

만일 프로그램을 실행했는데 LCD가 불만 들어오고 글씨가 안보일 경우 아래 그림 2.9.1.1.7과 같이 LCD 모듈 뒷면에 있는 반고정 저항을 돌려 글씨 명암대비를 조정하면 글씨가 보인다.

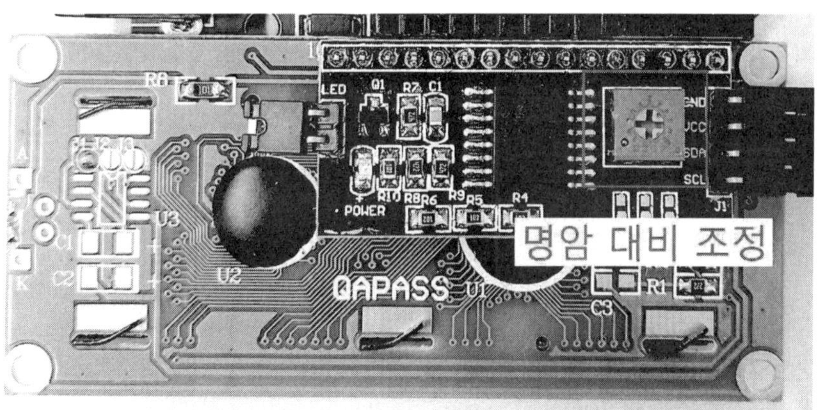

[그림 2.9.1.1.7] LCD 디스플레이 글씨 명암대비 조정

이번에는 시리얼 포트로 글자를 받아서 LCD 디스플레이에 표시해보자. 프로그램에서 setup() 부분은 처음 글씨를 표시하는 부분과 같고, 여기에 시리얼 모니터를 연결하기 위해서 Serial.begin(9600)으로 시리얼 모니터를 초기화한다.

loop() 함수에는 시리얼 모니터에서 키를 입력받아 inString 변수에 차례로 넣고 엔터키가 눌리면 inString 변수 값을 시리얼 모니터로 출력하고 LCD 디스플레이 둘째 줄 첫 번째 칸부터 출력된다.

lcd.setCursor(0,1) 명령에서 앞에 0이 첫 번째 칸을 의미하고, 두 번째 1이 두 번째 줄을 의미한다.

```
#include <LiquidCrystal_I2C.h>
LiquidCrystal_I2C lcd(0x3F,16,2);
String inString="";
void setup()
{
  lcd.init();
  lcd.backlight();
  Serial.begin(9600);
  lcd.setCursor(1,0);
  lcd.print("Hello, World!");
}
void loop() {
  while (Serial.available() > 0) {
    int inChar = Serial.read();
    if (isDigit(inChar)) {
      inString += (char)inChar;
    }
    if (inChar == '₩n') {
      Serial.println(inString);
      lcd.setCursor(0,1);
      lcd.print(inString);
      inString = "";
    }
  }
}
```

프로그램을 실행하고 시리얼 모니터에 01234567890123456789 숫자를 넣었는데 그림 2.9.1.1.8과 같이 첫째 줄에는 setup()에 있는 Hello, World! 가 출력되고, 둘째 줄에 0에서 5까지 16개 글자가 출력된 것을 볼 수 있다.

[그림 2.9.1.1.8] LCD 디스플레이에 입력글자 표시

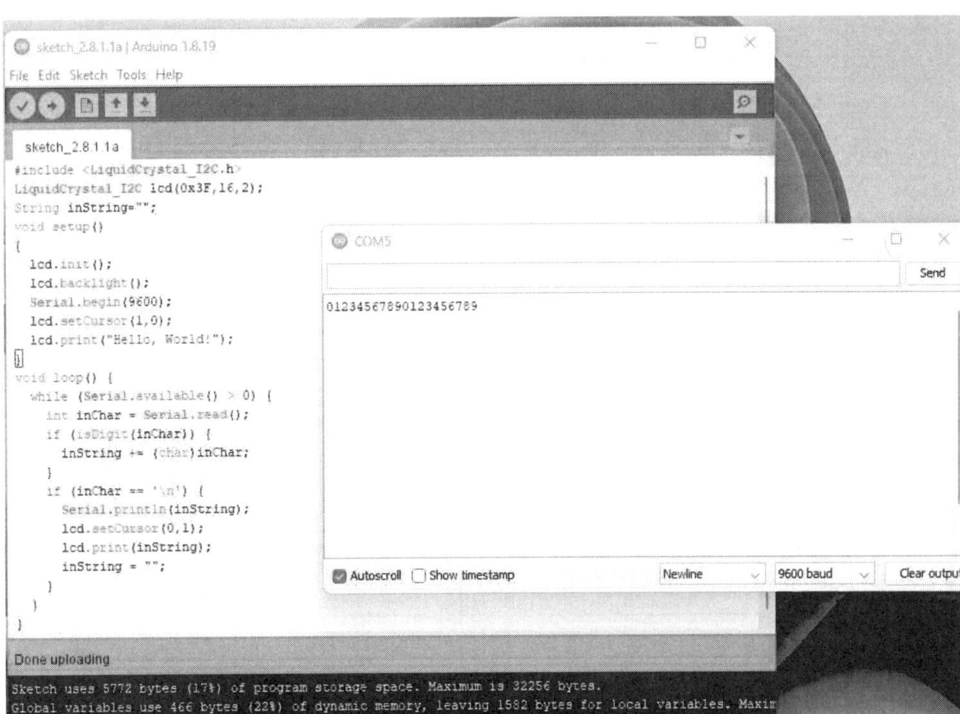

[그림 2.9.1.1.9] 시리얼 모니터로 표시할 글자 입력

2.9.1.2 MPU-6050 자이로 가속도 센서

GY-521은 MPU-6050을 내장한 모듈로 그림 2.9.1.2.1과 같다. MPU-6050은 자이로 센서와 가속도 센서를 내장한 마이크로 컨트롤러로 I2C 인터페이스를 통해서 Arduino와 명령과 데이터를 주고 받는다.

[그림 2.9.1.2.1] GY-521

MPU-6050은 그림 2.9.1.2.2 데이터 시트에서 사용전압 Vdd는 2.375V에서 3.46V로 3.3V 전원을 사용하면 된다. 그러나 GY-521 모듈에는 3.3V 정전압 IC가 내장되어 3.3V와 5V를 모두 사용할 수 있다. 연결은 Vcc와 GND를 연결하고 SDA와 SCL도 각각 SDA와 SCL에 연결한다.

Part / Item	MPU-6050
VDD	2.375V-3.46V
VLOGIC	1.71V to VDD
Serial Interfaces Supported	I^2C
Pin 8	VLOGIC
Pin 9	AD0
Pin 23	SCL
Pin 24	SDA

[그림 2.9.1.2.2] MPU-6050

I2C 통신하기 위해서 먼저 센서 주소를 알아야 한다. 2.9.1.1에 사용한 주소 찾는 프로그램을 이용해 주소를 찾으면 MPU-6050 센서는 그림 2.9.1.2.3과 같이 주소가 0x68임을 알 수 있다.

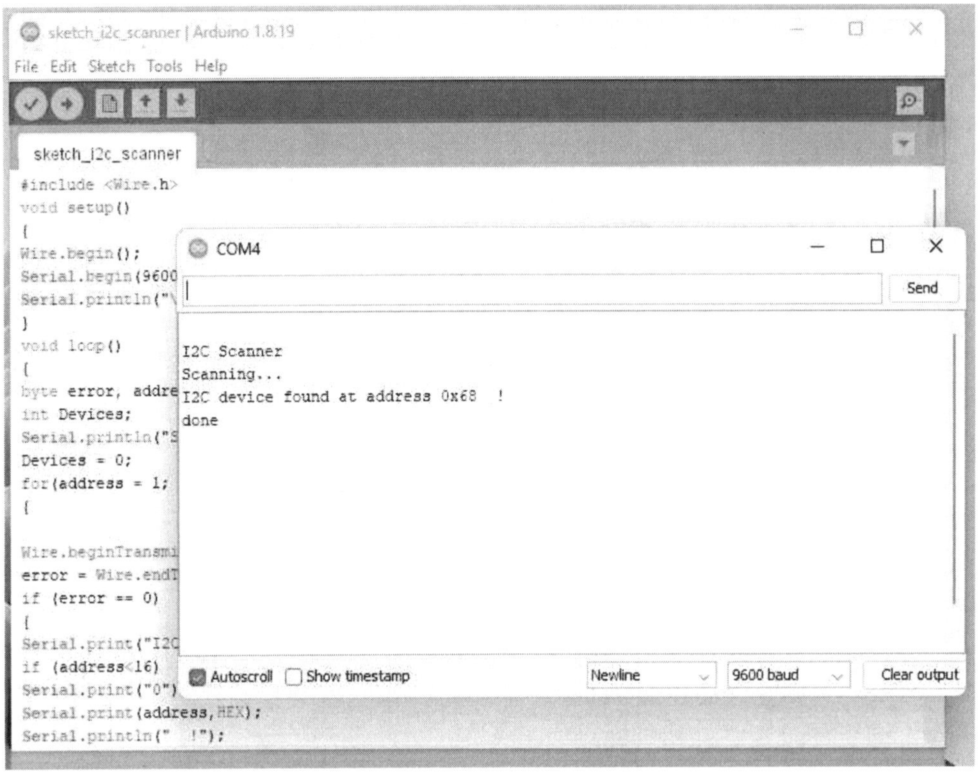

[그림 2.9.1.2.3] MPU-6050 주소

MPU-6050은 세 축 자이로 센서와 세 축 가속도 센서 그리고 온도 센서가 내장된 장치로 운동상태와 자세를 알기 위한 장치다. 이 장치는 드론의 자세와 비행을 제어하기 위해 많이 사용된다. 세 축 가속도 센서는 가속도 값을 읽어서 운동상태를 알 수 있다. 그러나 정지상태 또는 등속운동 상태는 운동 가속도가 모두 0으로 이 두 상태는 가속도 센서만으로는 구별할 수 없다. 여기에 GPS를 넣으면 위치가 변하는지를 알 수 있어 두 상태, 즉 등속운동 상태인지 정지상태인지를 구별할 수 있다.

자이로 센서는 회전운동에 대해서 초당 각 변화를 읽어 각 축에 대한 회전 상태를 알 수 있다.

가속도 센서는 그림 2.9.1.2.4와 같이 x, y, z축에 대한 가속도 값을 읽어내고 x-축을 비행 진행방향이라고 하면, 자이로 센서는 Yaw, Pitch, Roll을 초당 각도 변화로 읽어낸다.

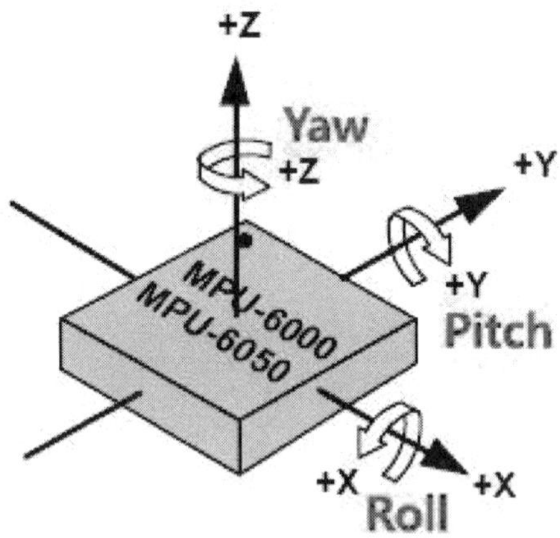

[그림 2.9.1.2.4] 가속도 축과 자이로 축

6.1 Gyroscope Specifications

VDD = 2.375V-3.46V, VLOGIC (MPU-6050 only) = 1.8V±5% or VDD, T_A = 25°C

PARAMETER	CONDITIONS	MIN	TYP	MAX	UNITS	NOTES
GYROSCOPE SENSITIVITY						
Full-Scale Range	FS_SEL=0		±250		°/s	
	FS_SEL=1		±500		°/s	
	FS_SEL=2		±1000		°/s	
	FS_SEL=3		±2000		°/s	
Gyroscope ADC Word Length			16		bits	
Sensitivity Scale Factor	FS_SEL=0		131		LSB/(°/s)	
	FS_SEL=1		65.5		LSB/(°/s)	
	FS_SEL=2		32.8		LSB/(°/s)	
	FS_SEL=3		16.4		LSB/(°/s)	
Sensitivity Scale Factor Tolerance	25°C	-3		+3	%	
Sensitivity Scale Factor Variation Over Temperature			±2		%	
Nonlinearity	Best fit straight line; 25°C		0.2		%	
Cross-Axis Sensitivity			±2		%	

6.2 Accelerometer Specifications

VDD = 2.375V-3.46V, VLOGIC (MPU-6050 only) = 1.8V±5% or VDD, T_A = 25°C

PARAMETER	CONDITIONS	MIN	TYP	MAX	UNITS	NOTES
ACCELEROMETER SENSITIVITY						
Full-Scale Range	AFS_SEL=0		±2		*g*	
	AFS_SEL=1		±4		*g*	
	AFS_SEL=2		±8		*g*	
	AFS_SEL=3		±16		*g*	
ADC Word Length	Output in two's complement format		16		bits	
Sensitivity Scale Factor	AFS_SEL=0		16,384		LSB/*g*	
	AFS_SEL=1		8,192		LSB/*g*	
	AFS_SEL=2		4,096		LSB/*g*	
	AFS_SEL=3		2,048		LSB/*g*	
Initial Calibration Tolerance			±3		%	
Sensitivity Change vs. Temperature	AFS_SEL=0, -40°C to +85°C		±0.02		%/°C	
Nonlinearity	Best Fit Straight Line		0.5		%	
Cross-Axis Sensitivity			±2		%	

[그림 2.9.1.2.5] MPU-6050 자이로 센서와 가속도 센서 설정값

MPU-6050에서 데이터를 읽어내기 전에 MPU-6050 데이터 시트를 참고하여 측정 범위와 분해능을 세팅해야 한다.

자이로 센서와 가속도 센서 세팅 값이 그림 2.9.1.2.5 데이터 시트에 있다. 자이로 센서는 FS_SEL 값을 1로 넣으면 ±500◦/s, 65.5◦/s로 세팅된다.

4.4 Register 27 – Gyroscope Configuration
GYRO_CONFIG

Type: Read/Write

Register (Hex)	Register (Decimal)	Bit7	Bit6	Bit5	Bit4	Bit3	Bit2	Bit1	Bit0
1B	27	XG_ST	YG_ST	ZG_ST	FS_SEL[1:0]		-	-	-

4.5 Register 28 – Accelerometer Configuration
ACCEL_CONFIG

Type: Read/Write

Register (Hex)	Register (Decimal)	Bit7	Bit6	Bit5	Bit4	Bit3	Bit2	Bit1	Bit0
1C	28	XA_ST	YA_ST	ZA_ST	AFS_SEL[1:0]			-	

[그림 2.9.1.2.6] MPU-6050 자이로 센서와 가속도 센서 설정 레지스터

이것은 각도 측정 범위가 ±500◦/s이고, 값이 65.5가 초당 1도 회전에 해당한다. 따라서 자이로에서 출력된 값을 65.5로 나누면 초당 회전각도를 얻을 수 있다.

가속도 센서의 FS_SEL 값을 2로 넣으면 가속도 측정범위가 ±8g로 중력가속도 8배까지 측정할 수 있고 값이 4096이 1g이다. 따라서 측정 된 가속도 값은 9.8m/s^2 / 4096 * 측정값이 된다.

선택한 자이로 센서와 가속도 센서의 FS_SEL 값은 각각 그림 2.9.1.2.6에 표시된 Resister에 값을 넣어 세팅하면 된다. 자이로 센서는 16진수로 0x1B 레지스터 즉 27번 레지스터에 값을 넣으면 된다. FS_SEL이 3번 4번 비트이므로 FS_SEL=1은 3번 비트에 1, 4번 비트에 0을 넣으면 된다. 그 외에 다른 비트는 모두 0을 넣으면 되므로 0x1B 레지스터에 넣을 값은 16진수로 0x08이 된다.

같은 방법으로 가속도 센서의 FS_SEL=2를 넣으려면 0x1C 레지스터의 FS_SEL이 3번 4번 비트이므로 FS_SEL=2는 3번 비트에 0, 4번 비트에 1을 넣으면 된다. 그 외에 다른 비트는 모두 0을 넣으면 되므로 0x1C 레지스터에 넣을 값은 16진수로 0x10이 된다.

6.3 **Electrical and Other Common Specifications**
VDD = 2.375V-3.46V, VLOGIC (MPU-6050 only) = 1.8V±5% or VDD, T_A = 25°C

PARAMETER	CONDITIONS	MIN	TYP	MAX	Units	Notes
TEMPERATURE SENSOR						
Range			-40 to +85		°C	
Sensitivity	Untrimmed		340		LSB/°C	
Temperature Offset	35°C		-521		LSB	
Linearity	Best fit straight line (-40°C to +85°C)		±1		°C	
VDD POWER SUPPLY						
Operating Voltages		2.375		3.46	V	

[그림 2.9.1.2.7] MPU-6050 온도 센서

MPU-6050은 온도 센서를 내장해서 온도에 따라 가속도 센서와 자이로 센서를 자동 보정한다. 물론 온도 센서에서 얻은 온도를 다른 센서 값과 함께 받을 수 있다. 온도 센서에 대한 세팅 값은 그림 2.9.1.2.7 데이터 시트를 참고하면 된다.

가속도 센서, 자이로 센서, 온도 센서에서 값을 읽고 시리얼 모니터를 통해서 출력하는 프로그램은 다음과 같다.

```
#include<Wire.h>
const int MPU_addr=0x68;
int16_t AcX,AcY,AcZ,Tmp,GyX,GyY,GyZ;
double ax,ay,az;
void setup(){
  Wire.begin();
  registers();
  Serial.begin(57600);
}
void loop(){
  Wire.beginTransmission(MPU_addr);
  Wire.write(0x3B);
  Wire.endTransmission();
  Wire.requestFrom(MPU_addr,14);
  AcX=Wire.read()<<8|Wire.read()
  AcY=Wire.read()<<8|Wire.read();
  AcZ=Wire.read()<<8|Wire.read();
  Tmp=Wire.read()<<8|Wire.read();
  GyX=Wire.read()<<8|Wire.read();
```

```
    GyY=Wire.read()<<8|Wire.read();
    GyZ=Wire.read()<<8|Wire.read();
    ax = AcX /4096. * 9.8;
    ay = AcY /4096. * 9.8;
    az = AcZ /4096. * 9.8;
    Serial.print("AcX = "); Serial.print(ax);
    Serial.print(" | AcY = "); Serial.print(ay);
    Serial.print(" | AcZ = "); Serial.print(az);
    Serial.print(" | Tmp = "); Serial.print(Tmp/340.0+35.0);
    Serial.print(" | GyX = "); Serial.print(GyX/65.5);
    Serial.print(" | GyY = "); Serial.print(GyY/65.5);
    Serial.print(" | GyZ = "); Serial.println(GyZ/65.5);
    delay(333);
}
void registers(){
    //Activate the MPU-6050
    Wire.beginTransmission(0x68);
    Wire.write(0x6B);
    Wire.write(0x00);
    Wire.endTransmission();
    //Configure the accelerometer
    Wire.beginTransmission(0x68);
    Wire.write(0x1C);
    Wire.write(0x10);
    Wire.endTransmission();
    //Configure the gyro
    Wire.beginTransmission(0x68);
    Wire.write(0x1B);
    Wire.write(0x08);
    Wire.endTransmission();
}
```

MPU-6050 I2C 통신용 주소는 0x68이고, 센서에서 읽은 데이터는 16비트로 2바이트를 읽어서 16비트로 합쳐야 한다.

Addr (Hex)	Addr (Dec.)	Register Name	Serial I/F
3B	59	ACCEL_XOUT_H	R
3C	60	ACCEL_XOUT_L	R
3D	61	ACCEL_YOUT_H	R
3E	62	ACCEL_YOUT_L	R
3F	63	ACCEL_ZOUT_H	R
40	64	ACCEL_ZOUT_L	R
41	65	TEMP_OUT_H	R
42	66	TEMP_OUT_L	R
43	67	GYRO_XOUT_H	R
44	68	GYRO_XOUT_L	R
45	69	GYRO_YOUT_H	R
46	70	GYRO_YOUT_L	R
47	71	GYRO_ZOUT_H	R
48	72	GYRO_ZOUT_L	R

[그림 2.9.1.2.8] MPU-6050 레지스터 맵

센서에서 읽은 값 주소는 가속도 센서 x축이 0x3B · 0x3C 2바이트이고, y축이 0x3D · 0x3E 2바이트, z축이 0x3F · 0x40 2바이트이다. 온도 센서는 0x41 · 0x42 2바이트, 자이로 센서는 x축이 0x43 · 0x44, y축이 0x45 · 0x46, z축이 0x47 · 0x48이다. 그림 2.9.1.2.7 MPU-6050 레지스터 맵 데이터 시트를 참고하면 된다.

프로그램에서 Wire.write(0x3B); 로 주소를 지정하고, Wire.requestFrom(MPU_addr,14); 로 지정된 주소에서 14바이트 데이터를 요구한다. 그리고 2바이트씩 16비트로 데이터를 저장하면 가속도 데이터 3개, 온도 데이터 1개, 자이로 데이터 3개로 모두 7개의 2바이트 데이터를 각 변수에 저장한다.

가속도 센서 값은 스케일링 인수 4096으로 나누고 중력가속도 9.8m/s^{2}을 곱하면 가속도 값을 m/s^2 단위로 출력한다.

온도는 스케일링 인수 340으로 나누고, 오프셋 35를 더하면 섭씨온도를 얻을 수 있다. 자이로 센서에서 받은 값은 스케일링 인수 65.5로 나누면 °/s 단위로 값을 얻을 수 있다.

이렇게 해서 얻은 출력 데이터가 그림 2.9.1.2.9에 있다.

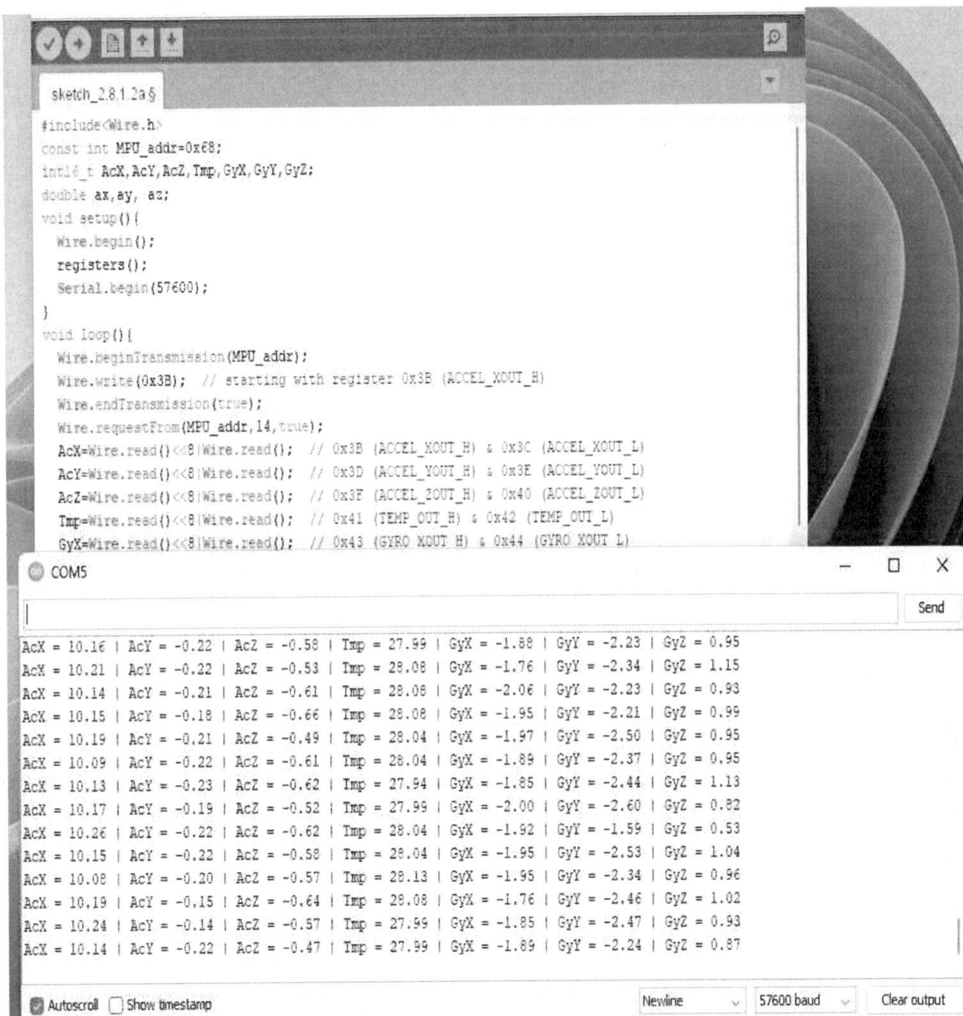

[그림 2.9.1.2.9] 시리얼 모니터를 통한 센서값 출력

출력 데이터를 보면 x축 가속도 값이 10을 조금 넘는 값이 나오고, 다른 두 축은 거의 0 값이 나온다. 센서가 정지해 있어서 세 축 가속도가 모두 0이 돼야 하는 것

같지만 지구에는 중력가속도가 있고, 센서의 x축이 위아래로 놓여 있어서 x 축으로 중력가속도를 검출한 값이 나타난다. 따라서 센서에서 제대로 값을 읽어서 보내주는 것을 확인할 수 있다.

이것은 테스트 프로그램으로 직접 MPU-6050 레지스터에 값을 넣고 읽어 왔지만, MPU-6050 라이브러리를 이용하면 좀 더 편하게 많은 기능을 사용할 수 있다.

라이브러리 설치는 메뉴에서 Sketch → Include Library → Manage Libraries.. 로 들어가서 그림 2.9.1.2.10과 같이 검색 창에 MPU6050을 넣고 찾아서 설치한다.

사용방법은 라이브러리 참고자료를 보면 된다.

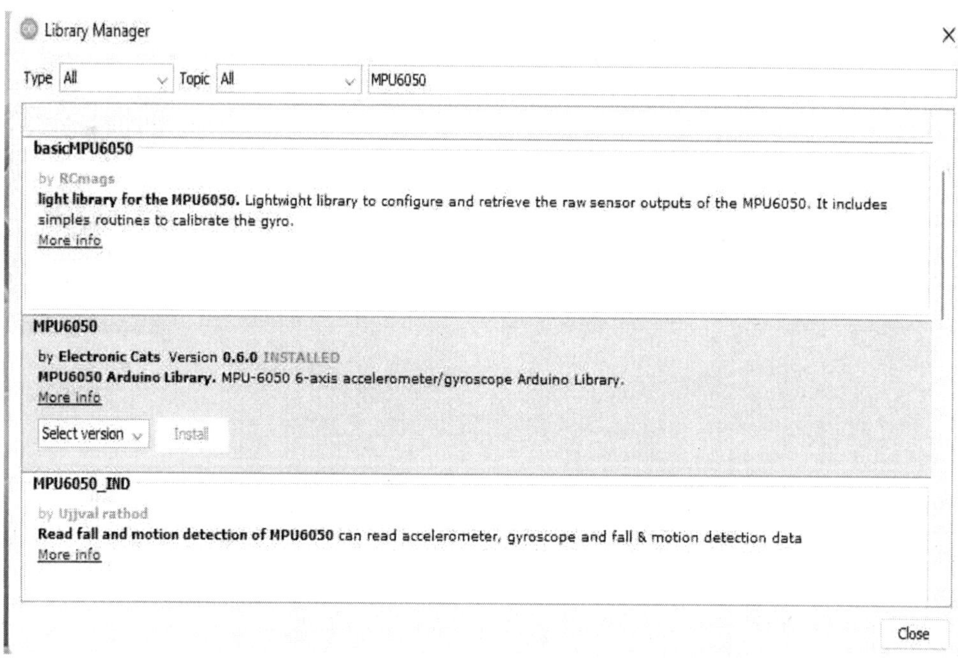

[그림 2.9.1.2.10] MPU6050 라이브러리 설치

2.9.1.3 AM2320 온도 습도 센서

AM2320은 온도와 습도 센서를 내장한 마이크로 컨트롤러로 I2C 인터페이스를 통해 온도와 습도 정보를 제공한다. AM2320 외형과 핀 배치는 그림 2.9.1.3.1에 있다.

전원은 그림 2.9.1.3.2 데이터 시트 Table 4와 같이 3.1V에서 5.5V까지 허용되므로 Vcc에 3.3V 또는 5V를 연결해서 사용한다. SDA는 SDA에 SCL은 SCL에 연결하면 된다.

[그림 2.9.1.3.1] AM2320 핀 배치

Table 4: AM2320 pin assignment

Pin	Name	Description
1	VDD	Power supply(3.1-5.5V)
2	SDA	Serial data, bidirectional port
3	GND	Ground
4	SCL	Serial clock input port (single bus ground)

[그림 2.9.1.3.2] AM2320 핀 배치

프로그램을 위해 라이브러리를 설치한다. Sketch → Include Library → Manage Libraries..로 들어가 AM2320을 검색하고, Adafruit AM2320 sensor library를 설치하면 된다. 그러나 AM2320 라이브러리는 Adafruit Unified Senser 라이브러리와 Adafruit BusIO 라이브러리가 필요하다. 만일 컴퓨터에 이 두 라이브러리가 설치되어 있지 않다면 그림 2.9.1.3.3과 같이 설치되지 않은 라이브러리 설치를 묻는다. 이때 install all을 눌러 필요한 라이브러리를 모두 설치하면 된다.

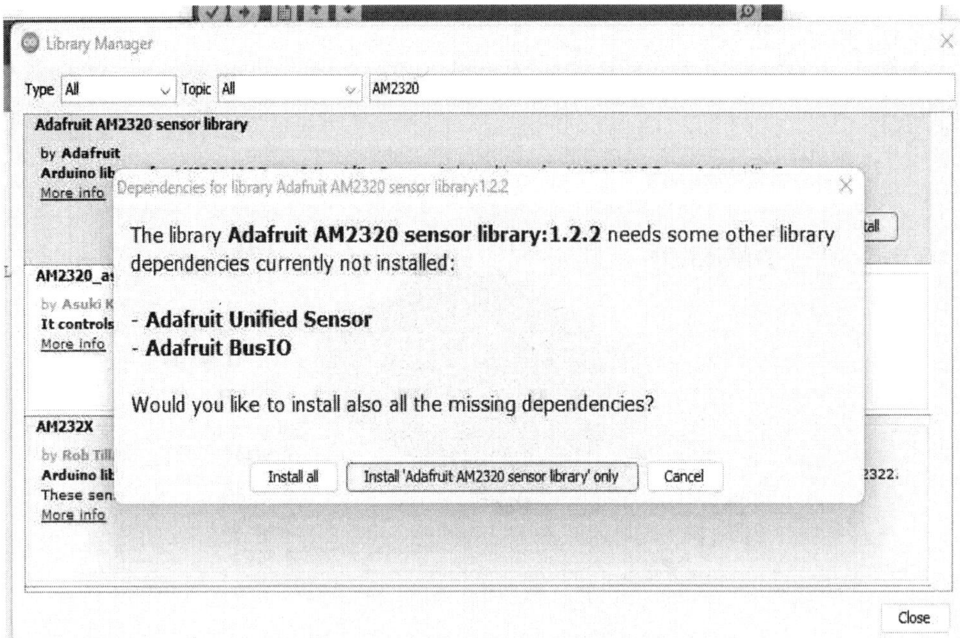

[그림 2.9.1.3.3] 라이브러리 설치

I2C로 통신하기 위해서는 AM2320 주소를 알아야 하지만 여기서는 따로 확인하지 않는다. AM2320 라이브러리를 사용하면 인스턴스 초기화 과정에서 주소를 찾아서 자동 설정하므로 주소를 따로 찾아 넣지 않는다.

프로그램은 다음과 같다.

```
#include <Adafruit_Sensor.h>
#include <Adafruit_AM2320.h>

Adafruit_AM2320 AM2320 = Adafruit_AM2320();

void setup() {
  Serial.begin(9600);
  AM2320.begin();
}

void loop() {
```

```
    float tempC = AM2320.readTemperature();
    float humidity = AM2320.readHumidity();
    Serial.print("Temperature: ");
    Serial.print(tempC);
    Serial.print(" ₩xC2₩xB0");
    Serial.print("C  |  ");
    Serial.print("Humidity: ");
    Serial.print(humidity);
    Serial.println(" %");
    delay(2000);
}
```

프로그램은 먼저 Sensor 라이브러리와 AM2320 라이브러리를 #include로 불러오고 Adafruit_AM2320 AM2320 = Adafruit_AM2320();로 AM2320 인스턴스를 생성해서 사용한다.

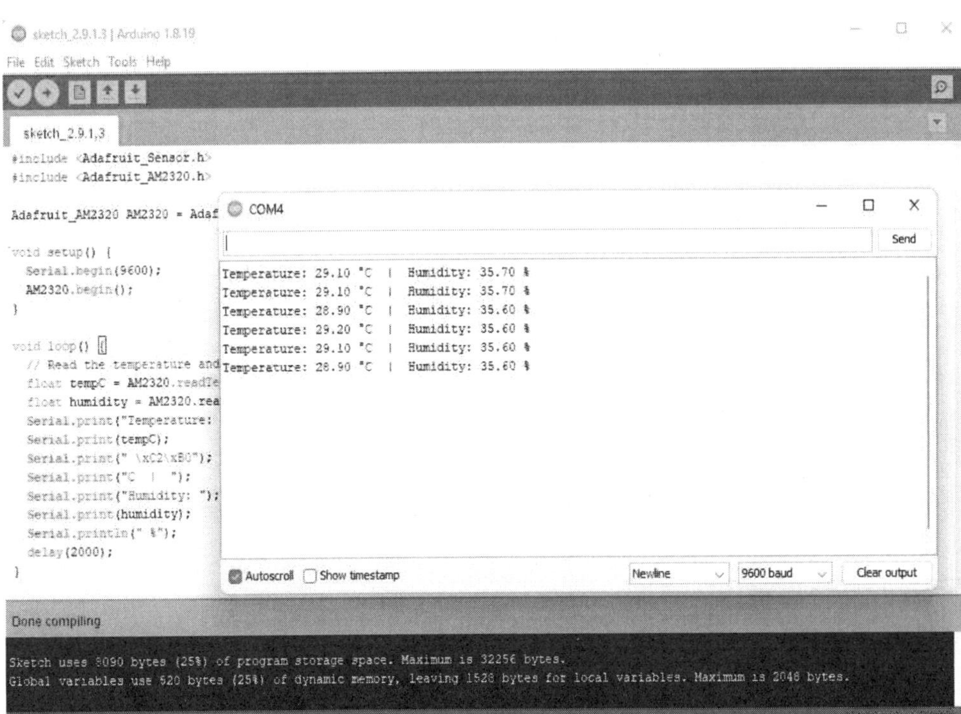

[그림 2.9.1.3.4] AM2320 센서로 읽은 온도와 습도

setup()에 AM2320.begin(); 명령어로 생성된 인스턴스 AM2320을 초기화하고 라이브러리에 내장된 함수 readTemperature()와 readHumidity()를 이용해서 온도와 습도 데이터를 받는다. 이때 온도와 습도는 소수점을 지닌 숫자이므로 float 변수로 값을 받아야 한다. °기호를 넣기 위해 "₩xC2₩xB0"를 사용한다.

프로그램을 실행하면 그림 2.9.1.3.4와 같이 온도와 습도가 시리얼 모니터에 표시되는 것을 볼 수 있다.

2.9.1.3.1 LCD 디스플레이에 온도와 습도 표시

이번에는 여기에 LCD 디스플레이를 연결해서 2초 간격으로 온도와 습도를 LCD 디스플레이에 표시해보자.

LCD 디스플레이 I2C 통신 주소를 앞에서 사용한 프로그램으로 확인하면 0x3F임을 알 수 있다.

LCD 라이브러리를 #include로 연결하고 LiquidCrystal_I2C lcd(0x3F,16,2); 명령에 주소와 칸과 열로 세팅한다.

2초마다 새로 읽은 온도와 습도를 LCD로 표시할 때 write_LCD() 함수에 이전에 써넣은 숫자만 지우고 새로 써넣는다.

프로그램은 다음과 같다.

```
#include <Adafruit_Sensor.h>
#include <Adafruit_AM2320.h>
#include <LiquidCrystal_I2C.h>
float tempC, humidity;
LiquidCrystal_I2C lcd(0x3F,16,2);
Adafruit_AM2320 AM2320 = Adafruit_AM2320();

void setup() {
  Serial.begin(9600);
  AM2320.begin();
  lcd.init();
```

```
    lcd.backlight();
  lcd.clear();
  lcd.setCursor(0,0);
  lcd.print("Temp C : ");
  lcd.setCursor(0,1);
  lcd.print("Humidity : ");
}

void loop() {
  tempC = AM2320.readTemperature();
  humidity = AM2320.readHumidity();
  Serial.print("Temperature: ");
  Serial.print(tempC);
  Serial.print(" ₩xC2₩xB0");
  Serial.print("C  |  ");
  Serial.print("Humidity: ");
  Serial.print(humidity);
  Serial.println(" %");
  write_LCD();
  delay(2000);
}

void write_LCD(){
  lcd.setCursor(8,0);
  lcd.print("        ");
  lcd.setCursor(9,0);
  lcd.print(tempC);
  lcd.setCursor(10,1);
  lcd.print("        ");
  lcd.setCursor(11,1);
  lcd.print(humidity);
}
```

[그림 2.9.1.3.5] LCD에 온도와 습도 표시

2.9.1.4 Arduino와 Arduino의 통신

I2C를 이용해서 Arduino와 Arduino 사이에 통신해보자. 두 개의 Arduino Uno 보드를 준비하고 I2C 통신선을 연결한다. SCL과 SCL을 연결하고 SDA와 SDA를 연결한다. GND와 GND도 연결하지만, 5V 전원은 서로 연결하지 않는다.

2.9.1.4.1 마스터에서 슬레이브로 명령 보내기

하나를 I2C 마스터로 설정하고 다른 하나는 슬레이브로 설정하여 마스터에서 데이터를 보내고 슬레이브에서 받은 데이터를 시리얼 모니터로 출력하도록 하자. 데이터는 마스터에서 0에서 9까지 숫자를 1초 간격으로 차례로 보내고, 슬레이브는 받은 데이터를 시리얼 모니터로 출력하는데 받은 값이 0이면 2번 포트에 연결된 LED를 깜빡거리도록 프로그램을 만들자.

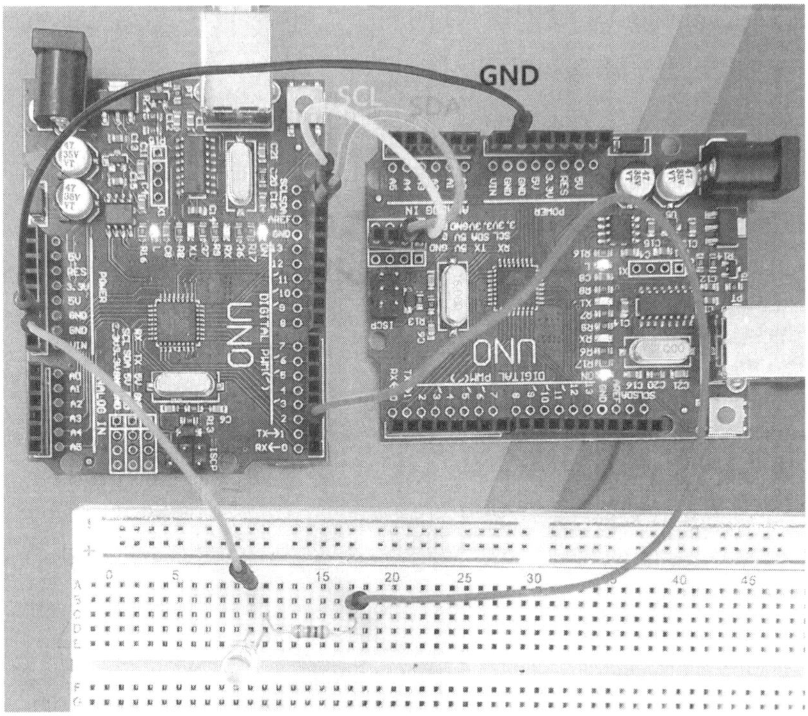

[그림 2.9.1.4.1.1] Arduino와 Arduino 사이의 통신

#include 〈Wire.h〉로 I2C 라이브러리를 사용한다.

마스터에서는 통신하기 위해 Wire.begin();을 사용한다. 마스터는 통신을 주도하기 때문에 반드시 I2C 주소를 설정할 필요는 없다. 만일 주소를 넣는다면 Wire.begin(8); Wire.begin(0x08);과 같이 넣으면 된다. 그러나 슬레이브는 주소를 반드시 넣어야 마스터에서 통신을 할 수 있다. 마스터에서 슬레이브로 통신은 다음과 같이 한다.

```
Wire.beginTransmission(0x08);
Wire.write(x);
Wire.endTransmission();
```

Wire.beginTransmission(0x08);은 I2C주소 0x08에 통신을 시작한다는 의미고, Wire.write(x);는 변수 x에 있는 데이터를 I2C로 송신하는 명령이다.

Wire.endTransmission(); 송신을 끝낸다는 뜻이다. 물론 슬레이브 주소가 0x08, 16진수로 8번으로 설정된 장치와 통신을 한다.

마스터에서는 변수 x를 0에서부터 1씩 증가시키면서 I2C를 통해서 0x08 주소로 데이터를 보낸다. 만일 x값이 9보다 커지면 다시 0으로 설정해서 x값이 0에서 9까지의 값만 갖도록 한다.

한번 데이터를 보내고 x값을 증가시키고 1초를 기다린 후 이 루틴을 반복한다.

마스터 프로그램은 다음과 같다.

```
#include <Wire.h>
int x = 0;
void setup() {
  Serial.begin(9600);
  Wire.begin();
}

void loop() {
  Wire.beginTransmission(0x08);
  Wire.write(x);
  Wire.endTransmission();
  x++;
  if (x > 9) x = 0;
  delay(1000);
}
```

슬레이브는 Wire.begin(0x08); 로 I2C주소를 설정하고 I2C를 초기화한다.

Wire.onReceive(receiveEvent); 로 데이터가 들어오면 이벤트를 발생시키고 이벤트가 발생하면 receiveEvent함수를 실행한다. receiveEvent함수에는 Wire.read(); 명령어를 이용해서 I2C로 들어오는 데이터를 읽고 시리얼 모니터로 읽은 데이터를 출력한다. LED를 깜빡거리는 부분은 loop() 함수 안에 있어서 I2C로 받은 x값이 0인 동안에는 0.2초 간격으로 계속 깜빡거린다. 따라서 깜빡이는 횟수는 loop() 함수 처리시간에 의해 결정된다.

다시 설명하면 setup()에서 설정이 끝나고, receiveEvent 함수가 정의되면 loop() 함수가 실행되는데 loop() 함수는 무한 반복이므로 x값이 0이면 LED가 한번 깜빡 한다. 0이 아니면 아무 변화가 없다. loop() 함수가 실행되는 중간에 I2C로 데이터가 들어오면 loop()함수 실행을 멈추고 receiveEvent 함수를 실행한다. receiveEvent 함수에서 I2C로 받은 데이터를 변수 x에 넣는다. 그리고 다시 계속해서 loop() 함수를 멈추었던 부분에서 이어 실행한다.

슬레이브 프로그램은 다음과 같다.

```
#include <Wire.h>
int LED = 2;
int x = 0;
void setup() {
  Serial.begin(9600);
  pinMode (LED, OUTPUT);
  Wire.begin(0x08);
  Wire.onReceive(receiveEvent);
}

void receiveEvent(int bytes) {
  x = Wire.read();
  Serial.println(x);

void loop() {
  if (x == 0) {
    digitalWrite(LED, HIGH);
    delay(200);
    digitalWrite(LED, LOW);
    delay(200);
  }
}
```

프로그램 실행결과는 그림 2.9.1.4.2에 있다.

[그림 2.9.1.4.1.2] Arduino와 Arduino 사이의 통신 프로그램 실행

2.9.1.4.2 마스터에서 명령을 보내고 데이터 받기

슬레이브에서 아날로그 입력 포트 A0와 A1을 사용하고 마스터 측에서 1을 송신하면 A0 포트값을 읽어서 보내고, 2를 전송하면 A1 포트값을 읽어서 보내도록 해 보자.

회로는 그림 2.9.1.4.2.1과 같다.

Arduino를 컴퓨터 USB 포트에 연결하면 별도의 5V 전원은 필요 없다. I2C 통신선 SCL과 SDA는 각각 포트 A5와 A4에 대응되므로 서로 연결하면 된다. 또한 GND도 서로 연결한다. 이때 I2C 5V 단자는 서로 연결하지 않는다. Arduino 보드를 사용하면 보드에 별도의 SCL 단자와 SDA 단자가 있어서 A4와 A5 포트를 사용하지 않고 SCL 단자와 SDA 단자를 직접 연결해서 사용해도 된다.

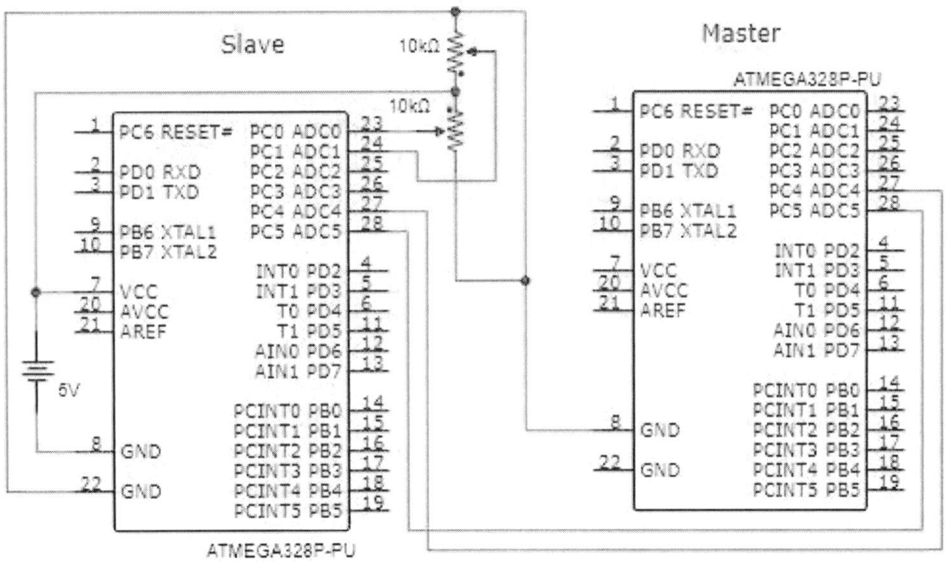

[그림 2.9.1.4.2.1] I2C를 이용한 Arduino 사이의 통신 테스트 회로

그림 2.9.1.4.2.2에 두 개의 Arduino 보드를 통신 테스트를 위해서 연결한 사진이 있다. 슬레이브의 A0와 A1 포트는 모두 10kΩ 가변저항을 이용해서 회로와 같이 연결한다. 가변저항을 조정하면 A0와 A1 포트에 걸리는 전압이 달라져서 읽어내는 데이터를 확인할 수 있다.

슬레이브에서 아날로그 입력 포트를 통해서 읽은 데이터는 16비트 데이터이나 I2C 전송은 1바이트씩 전송하게 되어 있어 16비트 데이터를 2개의 8비트 데이터로 분해하여 전송하고, 마스터 측에서는 전송받은 2개의 8비트 데이터를 합쳐서 하나의 16비트 데이터로 복원한다.

마스터에서 데이터 복원은 data[0]에 있는 상위 8비트 데이터와 data[1]에 있는 하위 8비트 데이터를 data[0]<<8)+data[1] 명령어를 이용하여 16비트 데이터로 복원한다.

슬레이브의 I2C 주소는 0x08로 슬레이브 프로그램에서 Wire.begin(0x08); 명령어로 지정하고 초기화한다. 마스터는 주소를 따로 지정하지 않고 Wire.begin(); 명령어를 사용해서 I2C를 초기화한다. 마스터는 I2C 주소를 지정하지 않아도 마스터에서 Wire.requestFrom(0x08,2); 명령어를 사용해 데이터를 요청하므로 슬레이브에서는 어느 장치에 데이터를 보내야 하는지 알게 된다.

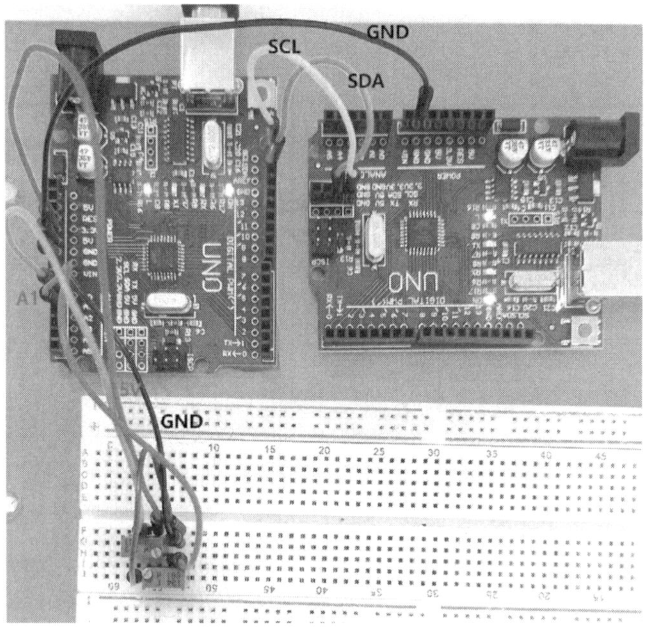

[그림 2.9.1.4.2.2] I2C를 이용한 Arduino 사이의 통신 테스트 연결

Wire.requestFrom 명령어는 두 개의 인수를 포함하는데 첫 번째 인수는 슬레이브 주소이고, 두 번째 인수는 요청데이터 길이로 바이트 수를 나타낸다. 여기서는 슬레이브 주소 0x08로 2바이트 데이터를 요청했다.

Wire.requestFrom 명령어로 데이터를 요청하기 전에 다음 명령어로 1을 슬레이브에 보냈다.

```
Wire.beginTransmission(0x08);
Wire.write(1);
Wire.endTransmission();
```

이것은 슬레이브의 A0 포트를 읽어서 데이터를 보내란 의미로 정했고 1을 보낸 후 데이터를 요청한다. 데이터를 2바이트 요청했으므로 getData() 함수에서 Wire.read(); 명령어로 슬레이브에서 전송한 2바이트 데이터를 data[0]와 data[1]에 각 1바이트씩 데이터를 넣는다. 그리고 8비트 2바이트 데이터를 16비트 데이터로 복원해서 시리얼 모니터를 이용해 출력한다.

같은 방법으로 마스터에서 Wire.write(2); 명령어로 2를 슬레이브에 보내는데 이것은 A1 포트를 읽어서 데이터를 보내라는 의미로 정했다. 명령어 2를 보내고 슬레이브에 2바이트 데이터를 요청하고 슬레이브가 보낸 2바이트 데이터를 getData() 함수로 읽고 16비트 데이터로 복원해서 시리얼 모니터로 출력한다.

마스터 측 프로그램은 다음과 같다.

```
#include <Wire.h>
byte data[2];

void setup() {
  Serial.begin(9600);
  Wire.begin();
}

void loop() {
  Wire.beginTransmission(0x08);
  Wire.write(1);
  Wire.endTransmission();
  Wire.requestFrom(0x08,2);
  getData();
  Serial.println("A0");
  Serial.println((data[0]<<8)+data[1]);
  delay(500);

  Wire.beginTransmission(0x08);
  Wire.write(2);
  Wire.endTransmission();
  Wire.requestFrom(0x08,2);
  getData();
  Serial.println("A1");
  Serial.println((data[0]<<8)+data[1]);
  delay(500);
}

void getData(){
  data[0] = Wire.read();
  data[1] = Wire.read();
}
```

슬레이브는 데이터가 들어올 때와 데이터 전송 요구가 들어올 때 두 경우만 처리하면 되며, 이것은 두 개의 독립된 이벤트 처리를 이용하면 편리하다. 하나는 Wire.onReceive(receiveEvent); 이벤트로 I2C를 통해서 데이터(또는 명령어)가 들어오면 이벤트를 발생시키고 receiveEvent(int bytes) 함수로 연결한다.

receiveEvent(int bytes) 함수에서는 I2C를 통해 들어오는 데이터나 명령을 읽고, 읽은 데이터는 1바이트 데이터이므로 그대로 int 변수 x에 넣는다.

다른 하나는 Wire.onRequest(requestEvent); 이벤트로 마스터 측에서 데이터 요구가 있을 때 이벤트를 발생시키고 requestEvent() 함수로 연결한다.

requestEvent() 함수에서는 먼저 들어온 명령이 변수 x에 있으므로 이 변수값이 1일 경우 A0 포트값을 읽어서 보내고 2일 경우 A1 포트값을 읽어서 보내는 것으로 약속했다. 따라서 먼저 이 값이 1인 경우와 2인 경우 두 경우로 분리한다. 이 경우는 명령이 두 가지로 간단해서 if 문을 사용했지만 경우가 많으면 switch ... case 문을 사용하는 것이 더 간단하다.

변수 x값이 1이면 A0 포트값을 읽고 2면 A1 포트값을 읽는다. A0 포트값은 a0 = analogRead(0); 명령어로 읽어서 변수 a0에 넣고, A1 포트값은 a1 = analogRead(1); 명령어로 읽어서 변수 a1에 넣는다.

앞에서 언급한 대로 포트에서 읽은 값은 16비트 데이터로 8비트 2바이트로 분해서 전송해야 한다. 슬레이브에서 16비트 데이터를 8비트 2바이트로 분해하는 방법은 다음과 같다.

```
data[0] = a0>>8;
data[1] = a0 & 0xFF;
```

A0 포트에서 읽은 값이 변수 a0에 있으므로 a0의 상위 8비트는 data[0] = a0>>8 명령어로 data[0]에 넣고, 하위 8비트는 data[1] = a0 & 0xFF 명령어로 data[1]에 넣는다.

데이터 전송은 Wire.write(data, 2); 명령어를 사용하는데 첫 번째 인수 data는 전송할 2바이트 데이터가 들어 있는 변수명이고, 두 번째 인수 2는 전송할 데이터 바이트 수로 여기서는 2바이트 데이터를 전송하기로 약속해서 2를 넣는다. 이렇게 하면 data 변수에 들어있는 2바이트 데이터가 I2C를 통해서 마스터로 전송된다.

Serial.println((data[0]<<8)+data[1]);는 data[0]<<8)+data[1] 명령으로 data변수에 들어 있는 두 개의 8비트 데이터로 분해된 16비트 데이터를 16비트 데이터로 복원하고 시리얼 모니터로 출력하는 명령이다.

변수 x값이 2일 때 A1 포트에서 값을 읽어서 전송하는 과정도 같다.

슬레이브 프로그램은 다음과 같다.

```
#include <Wire.h>
int x, a0, a1;

void setup() {
  Serial.begin(9600);
  Wire.begin(0x08);
  Wire.onRequest(requestEvent);
  Wire.onReceive(receiveEvent);
}

void requestEvent() {
  byte data[2];
  a0 = analogRead(0);
  a1 = analogRead(1);
  if(x == 1){
    data[0] = a0>>8;
    data[1] = a0 & 0xFF;
    Wire.write(data, 2);
    Serial.println((data[0]<<8)+data[1]);
  }
  if( x == 2) {
    data[0] = a1>>8;
    data[1] = a1 & 0xFF;
    Wire.write(data, 2);
    Serial.println((data[0]<<8)+data[1]);
  }
```

```
}

void receiveEvent(int bytes) {
  x = Wire.read();
  Serial.println(x);
}

void loop() {

}
```

두 개의 Arduino 보드를 USB 포트에 연결하면 어느 보드가 어느 포트에 연결되었는지 확인해야 한다.

윈도우에서 장치 관리자(Device Manager)를 실행시키면 연결된 Arduino 보드가 연결된 COM 포트 번호를 확인할 수 있다. 그림 2.9.1.4.2.3과 같이 보드 하나만 연결하면 그림 왼쪽같이 COM6에 연결된 것을 볼 수 있고, 다시 Arduino 보드 하나를 더 연결하면 그림 오른쪽같이 두 번째 보드는 COM11 포트에 연결된 것을 알 수 있다.

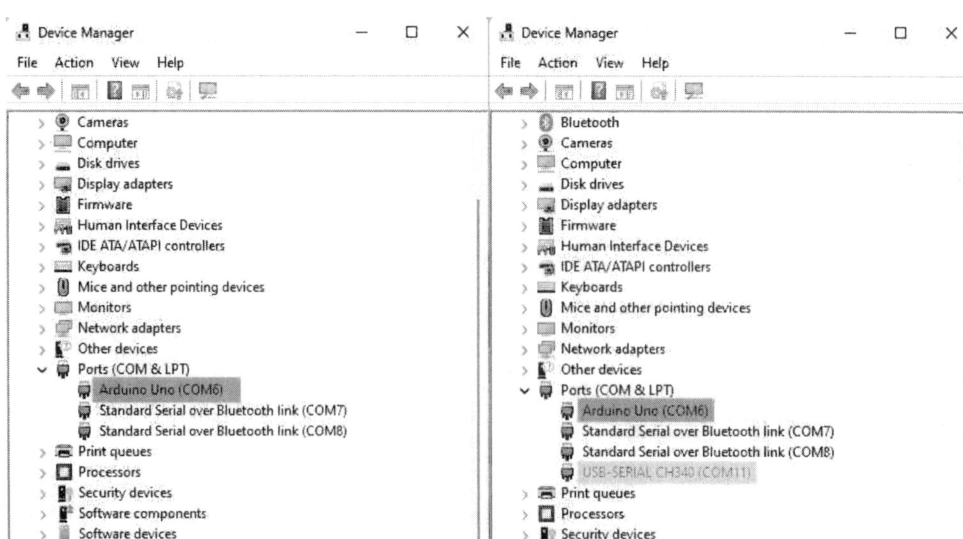

[그림 2.9.1.4.2.3] Arduino 보드와 연결된 COM 번호 확인

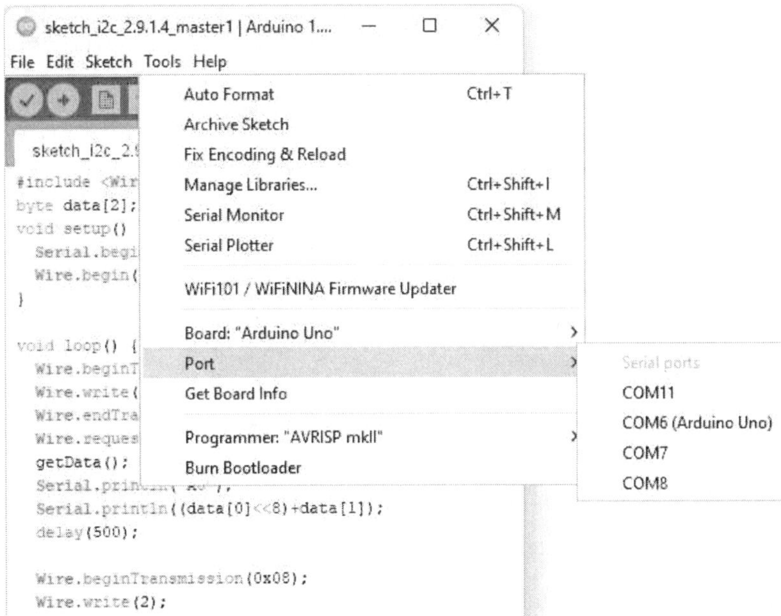

[그림 2.9.1.4.2.4] 프로그램과 Arduino 보드 연결

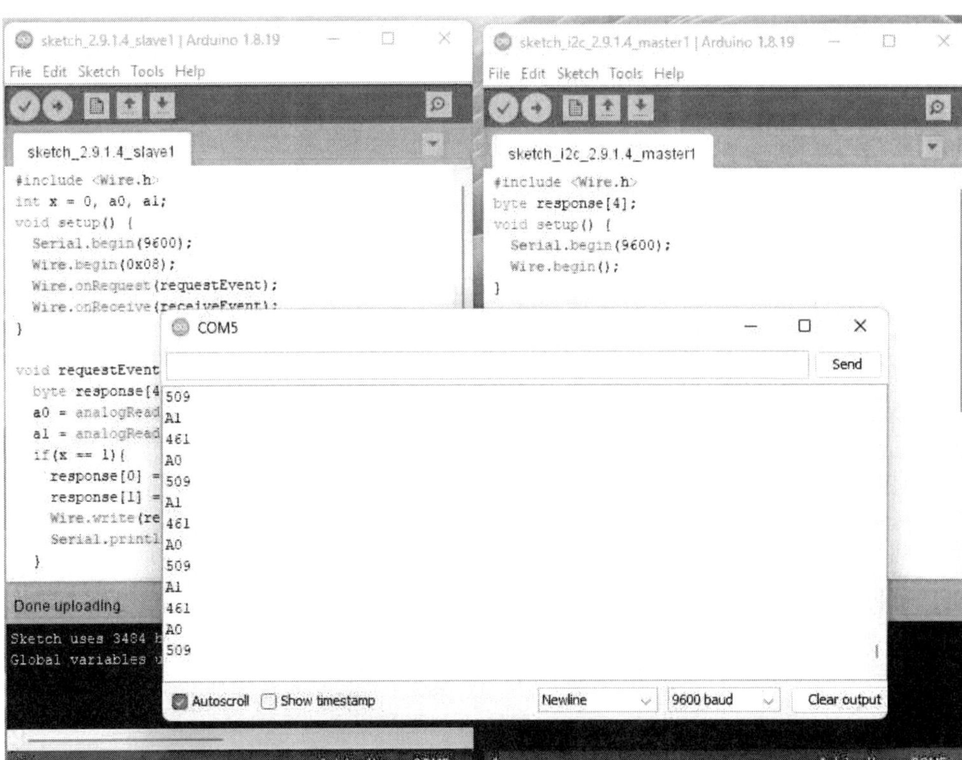

[그림 2.9.1.4.2.5] I2C를 이용한 Arduino 사이의 통신 프로그램 테스트

프로그램 업로드를 위해서 그림 2.9.1.4.2.4와 같이 Tools → Port로 들어가 Arduino 보드와 프로그램을 연결한다. 이때 마스터와 슬레이브 보드는 프로그램과 연결된 회로가 모두 다르므로 정확히 확인해야 한다.

마스터와 슬레이브용 프로그램을 두 개 열어 놓고 하나를 COM 포트에 연결하면 다른 하나도 자동으로 같은 COM 포트에 연결되므로 주의해야 한다.

프로그램을 모두 업로드하고 마스터와 연결된 COM 포트로 프로그램을 연결하고 시리얼 모니터를 열면 그림 2.9.1.4.2.5와 같이 A0와 A1 포트에서 교대로 데이터를 읽어서 시리얼 모니터에 프린트한 것을 볼 수 있다.

2.9.2 SPI 통신

SPI(Serial Peripheral Interface)도 직렬통신을 위한 프로토콜 중 하나이다. SPI는 동기식 full-duplex 통신으로 표 2.9.2.1과 같이 동기를 위한 클록 신호선과 독립된 데이터 송신선과 수신선, 그리고 마스터에서 통신할 슬레이브를 지정하는 슬레이브 선택 신호선 이렇게 모두 4개의 선이 필요하다.

신호선	기 능
SCK(Serial Clock)	클록 신호선
MOSI(Master Out Slave In)	마스터에서 데이터나 명령을 보내는 선
MISO(Master In Slave Out)	슬레이브에서 데이터를 받는 선
SS(Slave Select)	통신할 슬레이브 지정 신호선

〈표 2.9.2.1〉 SPI 통신선

SPI로 통신하기 위한 마스터와 슬레이브 사이의 연결은 그림 2.9.2.1과 같이 4개의 신호선을 같은 것끼리 서로 연결하면 된다.

만일 마스터 하나에 슬레이브 여러 개를 연결한다면 다른 연결은 같지만, 마스터 측에 SS(Slave Select) 선의 수가 그림 2.9.2.2와 같이 슬레이브 수만큼 필요하다.

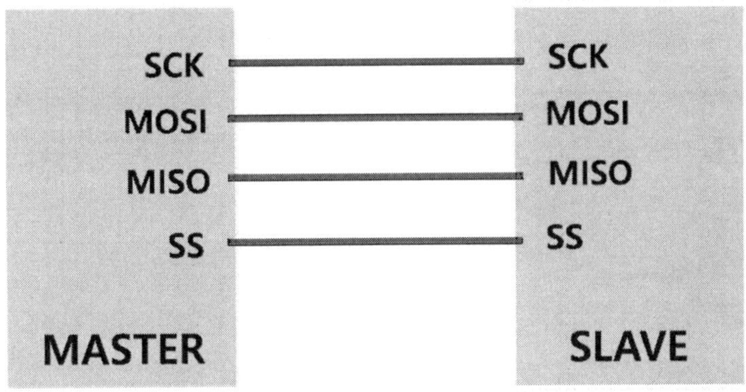

[그림 2.9.2.1] SPI 통신을 위한 마스터와 슬레이브 장치 연결

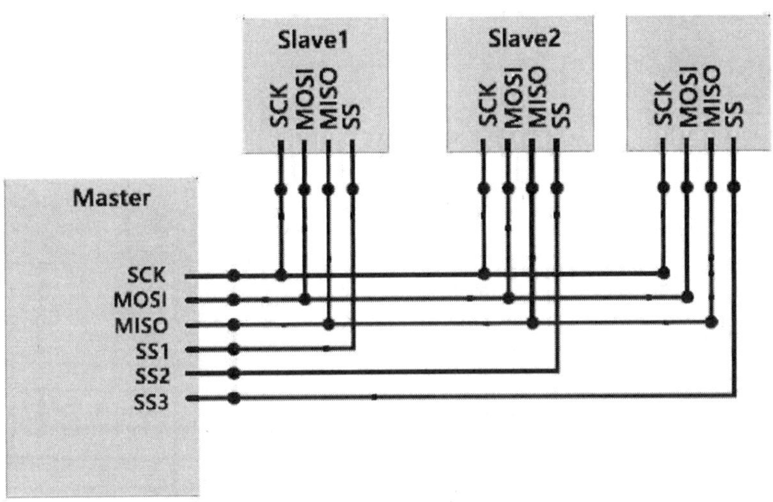

[그림 2.9.2.2] 여러 개의 슬레이브 장치 연결

만일 슬레이브 수가 4개 이상일 때는 마스터에 단순히 슬레이브를 선택하기 위해서 포트가 슬레이브 수만큼 사용해서 포트를 낭비하게 된다. 이런 경우에 멀티플렉서를 사용하면 포트를 절약할 수 있다.

예를 들면 슬레이브가 8개 필요할 경우 슬레이브 선택을 위해 8개의 포트가 필요하지만 3-line to 8-line 디코더 138 TTl IC (74LS138)를 사용하면 포트 3개로 8개의 슬레이브를 선택할 수 있다.

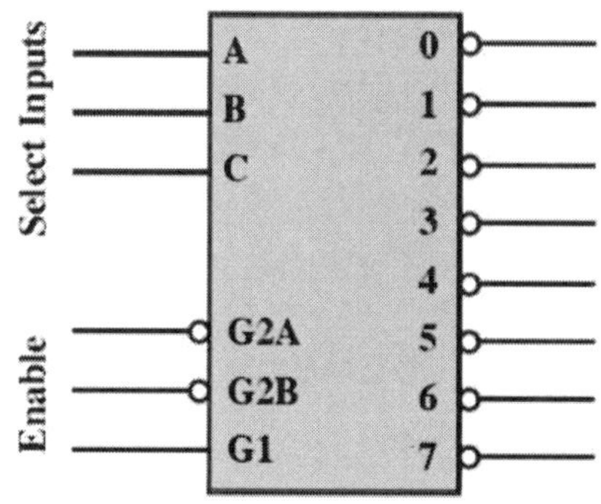

Inputs						Output							
Enable			Select										
G2A	G2B	G1	C	B	A	0	1	2	3	4	5	6	7
1	X	X	X	X	X	1	1	1	1	1	1	1	1
X	1	X	X	X	X	1	1	1	1	1	1	1	1
X	X	0	X	X	X	1	1	1	1	1	1	1	1
0	0	1	0	0	0	0	1	1	1	1	1	1	1
0	0	1	0	0	1	1	0	1	1	1	1	1	1
0	0	1	0	1	0	1	1	0	1	1	1	1	1
0	0	1	0	1	1	1	1	1	0	1	1	1	1
0	0	1	1	0	0	1	1	1	1	0	1	1	1
0	0	1	1	0	1	1	1	1	1	1	0	1	1
0	0	1	1	1	0	1	1	1	1	1	1	0	1
0	0	1	1	1	1	1	1	1	1	1	1	1	0

[그림 2.9.2.3] 74LS138 진리표

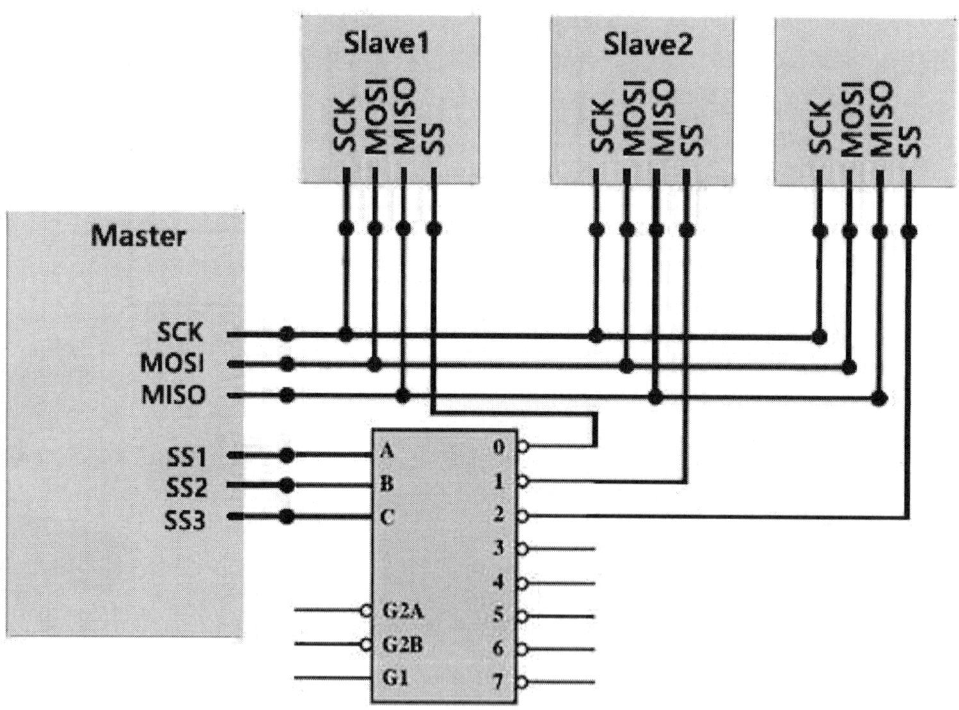

[그림 2.9.2.4] 멀티플렉서 연결

그림 2.9.2.3의 74LS138 진리표에서 A, B, C 입력 포트에 000에서 111까지 모두 8개의 조합을 넣을 수 있고, 이 8가지 조합으로 원하는 슬레이브를 선택할 수 있다.

그림 2.9.2.4와 같이 74LS138에 select inputs A, B, C에 마스터 장치의 포트 3개를 연결하고 8개 output에 8개 슬레이브의 SS를 각각 연결하면 된다. 마스터에서 슬레이브를 선택할 때 SS 신호선에 0을 넣어야 하는데 이것은 138 IC에서 입력에 따른 출력과 일치한다.

마스터에서 슬레이브로 SPI 통신을 위한 동작순서는 그림 2.9.2.5와 같이 먼저 통신할 슬레이브에 연결된 SS(Slave Selector)를 0으로 놓고 SCK 클록 신호를 주고 MOSI 신호선에 명령이나 데이터를 보낸다. 명령이나 신호가 간다는 의미는 MOSI 선을 통해 0x01을 먼저 보낸 후 다음 클록 신호에 맞추어서 데이터나 명령을 보낸다. 통신이 끝나면 SS를 1로 놓아 슬레이브 선택을 해제한다.

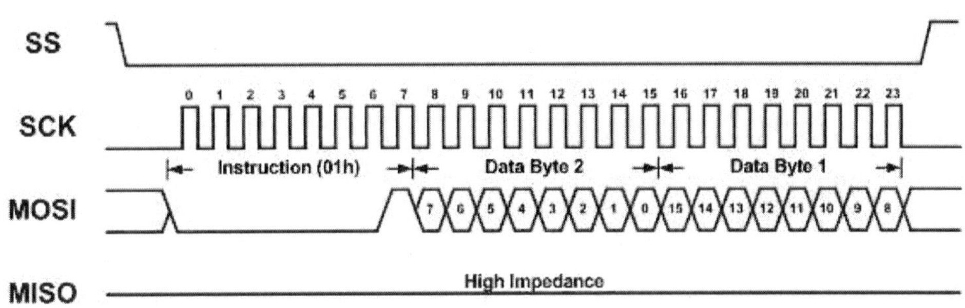

[그림 2.9.2.5] 마스터에서 슬레이브로 명령이나 데이터 보내기

슬레이브에서 마스터로 데이터를 보내는 것은 마스터에서 데이터를 보내라는 명령이 있어야 데이터를 보낼 수 있다. 이 동작순서도 그림 2.9.2.6과 같이 데이터를 받을 슬레이브 SS 신호선을 0으로 놓고 클록 신호를 주고, MOSI 신호선에 0x05 명령을 보내면 선택된 슬레이브에서 명령 다음 클록에 맞춰 데이터를 MISO 선을 통해서 마스터로 전송한다.

마찬가지로 통신이 끝나면 마스터에서 슬레이브 선택을 1로 놓아 선택을 해제한다.

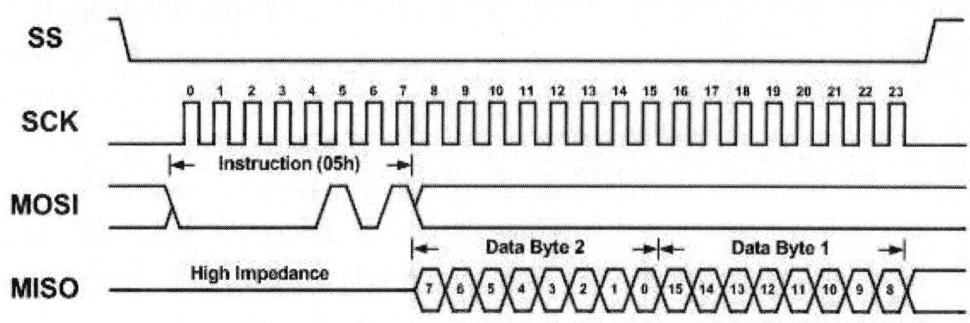

[그림 2.9.2.6] 마스터에서 슬레이브에서 보낸 데이터 받기

실제 SPI를 이용한 통신 예는 24비트 AD 컨버터 ADS1256을 사용할 때 설명한다.

3. 24비트 AD 컨버터 ADS1256

Arduino에는 10비트 AD 컨버터가 내장되어 있고, 이것은 아날로그 포트 A0에서 A5까지 멀티플렉서를 통해 연결되어 모두 6개의 입력을 처리할 수 있다. 그러나 고정밀도를 요구하는 측정을 하려면 별도의 고정밀 AD 컨버터를 사용해야 한다. 이 책에서는 고정밀 측정에 많이 쓰이는 TI(Texas Instruments)사의 24비트 AD 컨버터 ADS1256 사용방법을 알아본다.

ADS1256의 특징은 다음과 같다.

- 24비트 AD 컨버터로 low-noise programmable gain amplifier (PGA)를 통해서 1:64 2진수 단계로 정밀도를 조정할 수 있다.
- 초당 3만 회까지 데이터를 수집할 수 있다. (30kHz sampling rate) 입력 임피던스가 매우 커서 잡신호가 매우 작다.
- SPI 인터페이스를 통해서 마이크로 컨트롤러와 연결한다.

모두 8개의 입력이 있어서 공통 GND를 사용하면 8개의 입력신호를 각각 읽을 수 있고 두 개 입력의 신호 차이를 읽으면 4개의 입력신호를 각각 읽을 수 있다.

그 외에 다른 특징들은 데이터 시트를 참고하라. 그림 3.1은 ADS1256 내부 다이어그램이다.

ADS1256칩을 사용하려면 2.5V 기준 전압과 클록 등을 연결해야 하는데 필요한 주변 장치를 연결해 놓은 ADS1256 모듈이 있고 시중에서 쉽게 구할 수 있다.

그림 3.2에 두 가지 ADS1256 모듈 사진이 있다. 시중에서 파는 모듈 종류에는 여러 가지가 있는데 중국에서 만든 것 중에 왼쪽 파란색 모듈은 기준 전압이 2.5V

가 아닌 2.516V가 나와서 측정값에 오차가 있으나 다행히 그림 3.2의 오른쪽 노란색 모듈은 기준 전압이 정확히 2.500V가 나오고 측정값에 오차가 없어 이것을 사용한다.

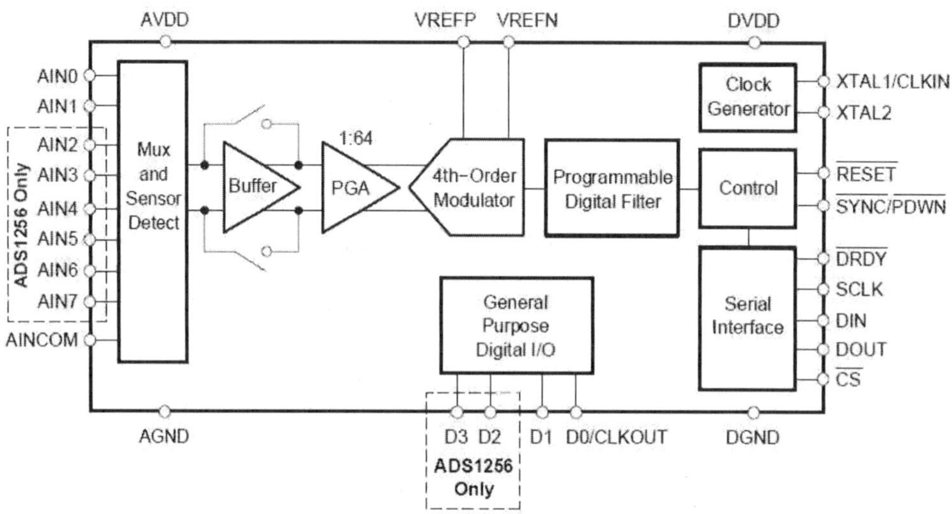

[그림 3.1] ADS1256 내부 다이어그램

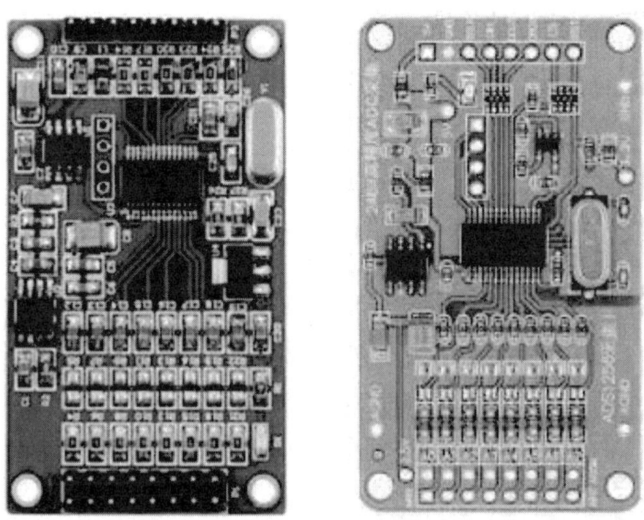

[그림 3.2] ADS1256 모듈

먼저 arduino와 ADS1256 모듈을 SPI 인터페이스를 통해서 연결하자.

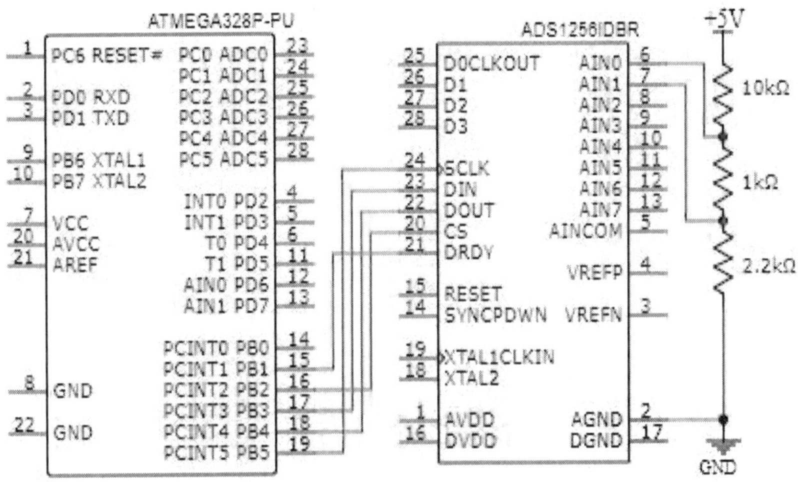

[그림 3.3] Arduino와 ADS1256 SPI 연결

그림 3.3은 연결회로도로 Atmega328 19번 핀이 arduino port 13번이다. 그림 3.4와 3.5 그리고 표 3.1을 참고해서 연결하라.

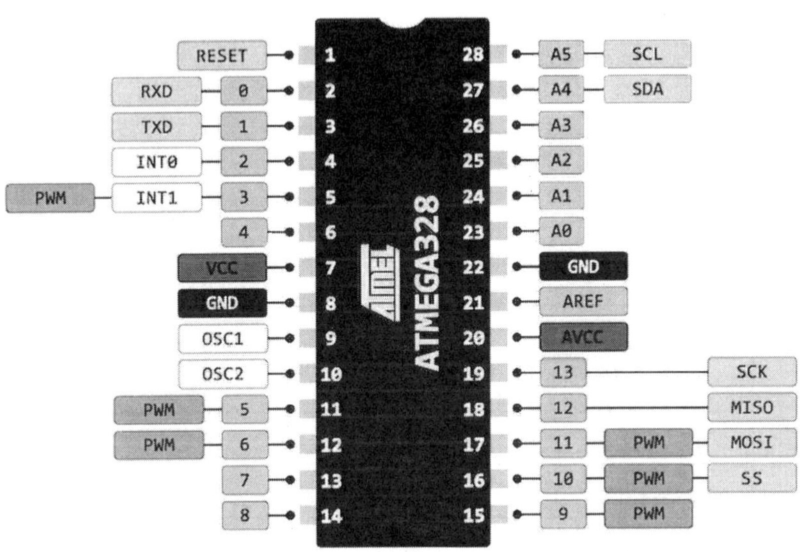

[그림 3.4] Atmega328P Pin out

Arduino와 ADS1256의 SPI 인터페이스로 연결이 되었다면 ADS1256에 테스트용 전압을 입력하자. 그림 3.3과 같이 ADS1256의 AIN0와 AIN1을 1kΩ 저항 양단을 연결하자. 이렇게 하면 ADS1256의 AIN0와 AIN1사이의 전압 차이를 읽을 수 있다. 그림 3.3 회로를 실제 연결한 사진이 그림 3.7에 있다.

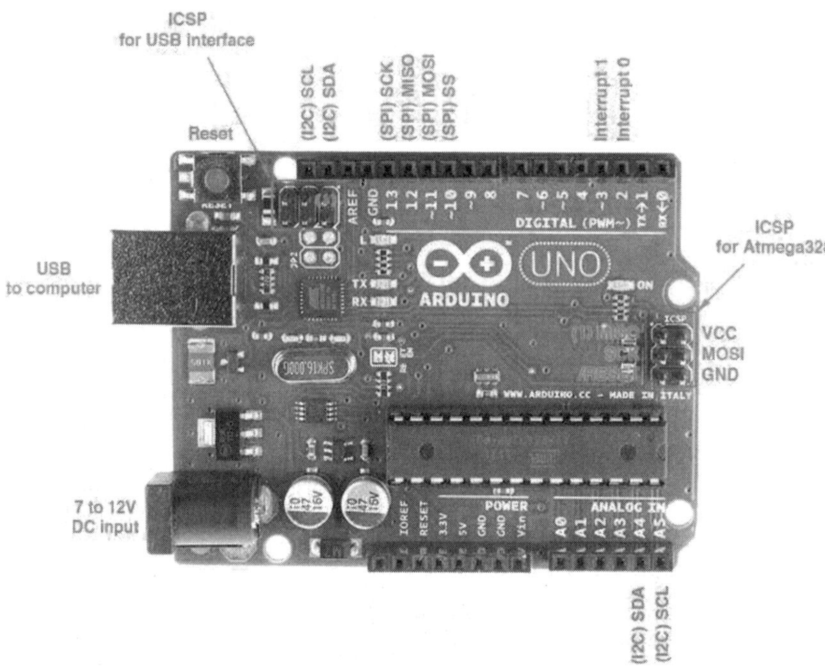

[그림 3.5] Arduino 포트

Arduino		ADS1256
Arduino Port #	SPI	SPI
13	SCLK	SCLK
12	MISO	DOUT
11	MOSI	DIN
10	SS	CS
9	Digital Port	DRDY

〈표 3.1〉 Arduino와 ADS1256 SPI 연결

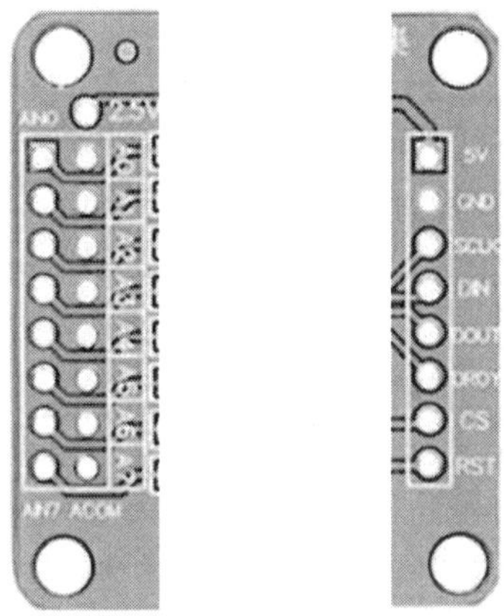

[그림 3.6] ADS1256 SPI와 아날로그 input Pin out

- **초기화** : ADS1256를 사용하기 위해서는 몇가지 절차가 필요한데 이는 모두 소프트웨어로 수행한다. 먼저 SPI를 초기화 하고 ADS1256을 소프트웨어로 Reset 한다. 그리고 ADS1256 레지스터 00에서 03 까지 4개의 값을 설정한다. ADS1256 초기화 과정과 ADS1256 소프트웨어 Reset 과정은 그림 3.7에 있다. ADS1256 reset 명령은 0xFE이고 명령을 보내기 전에 ADS1256 CS포트를 0으로 하고 DRDY가 0이 되면 명령을 보낸다. ADS1256 명령은 표 3.2에 넣었고 ADS1256 데이터 시트 Table 24에 있으므로 자세한 사항은 데이터 시트를 참고하기를 바란다.

[그림 3.7] 그림 3.3 회로를 연결한 사진

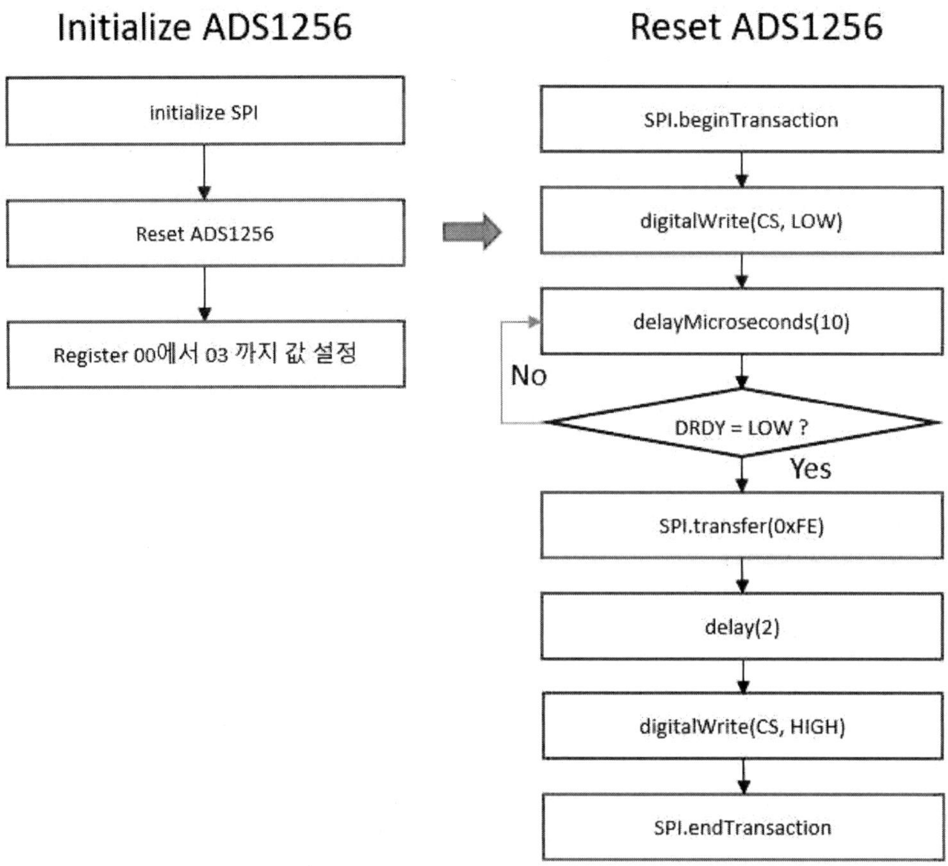

[그림 3.8] ADS1256 초기화 과정과 ADS1256 소프트웨어 Reset 과정

Table 24. Command Definitions

COMMAND	DESCRIPTION	1ST COMMAND BYTE	2ND COMMAND BYTE
WAKEUP	Completes SYNC and Exits Standby Mode	0000 0000 (00h)	
RDATA	Read Data	0000 0001 (01h)	
RDATAC	Read Data Continuously	0000 0011 (03h)	
SDATAC	Stop Read Data Continuously	0000 1111 (0Fh)	
RREG	Read from REG *rrr*	0001 *rrrr* (1xh)	0000 *nnnn*
WREG	Write to REG *rrr*	0101 *rrrr* (5xh)	0000 *nnnn*
SELFCAL	Offset and Gain Self-Calibration	1111 0000 (F0h)	
SELFOCAL	Offset Self-Calibration	1111 0001 (F1h)	
SELFGCAL	Gain Self-Calibration	1111 0010 (F2h)	
SYSOCAL	System Offset Calibration	1111 0011 (F3h)	
SYSGCAL	System Gain Calibration	1111 0100 (F4h)	
SYNC	Synchronize the A/D Conversion	1111 1100 (FCh)	
STANDBY	Begin Standby Mode	1111 1101 (FDh)	
RESET	Reset to Power-Up Values	1111 1110 (FEh)	
WAKEUP	Completes SYNC and Exits Standby Mode	1111 1111 (FFh)	

NOTE: *n* = number of registers to be read/written − 1. For example, to read/write three registers, set *nnnn* = 2 (0010).
r = starting register address for read/write commands.

〈표 3.2〉 ADS1256 명령어

그림 3.8의 ADS1256 초기화 과정과 ADS1256 소프트웨어 Reset 과정 프로그램 모듈은 다음과 같다.

```
void initialize_SPI()
{
  SPI.begin();
}

void reset_ADS1256()
{
  SPI.beginTransaction(SPISettings(2000000, MSBFIRST, SPI_MODE1));
  digitalWrite(CS, LOW);
  delayMicroseconds(10);
  while (digitalRead(DRDY))
  {
    delayMicroseconds(10);
  }
  SPI.transfer(0xFE);
  delay(2);
  digitalWrite(CS, HIGH);
  SPI.endTransaction();
}

void updateRegisters()
{
  writeRegister(0x00, B00000110);
  delay(200);
  writeRegister(0x01, B00000001);
  delay(200);
  writeRegister(0x02, B00000000);
  delay(200);
  writeRegister(0x03, B00100011);
  delay(500);
  writeCommand(B11110000);
```

```
}

void writeRegister(uint8_t registerAddress, uint8_t registerValueW)
{
  while (digitalRead(DRDY)) {}
  SPI.beginTransaction(SPISettings(2000000, MSBFIRST, SPI_MODE1));
  digitalWrite(CS, LOW);
  SPI.transfer(0x50 | registerAddress);
  SPI.transfer(0x00);
  SPI.transfer(registerValueW);
  digitalWrite(CS, HIGH);
  SPI.endTransaction();
}

void writeCommand(uint8_t aCommand)
{
  SPI.beginTransaction(SPISettings(2000000, MSBFIRST, SPI_MODE1));
  digitalWrite(CS, LOW);
  SPI.transfer(aCommand);
  delay(500);
  digitalWrite(CS, HIGH);
  SPI.endTransaction();
}
```

ADS1256 레지스터에 값을 넣는 부분은 writeRegister() 이름의 프로그램 모듈로 만들었고, 레지스터 값과 같은 데이터 없이 ADS1256에 명령어만 넣는 부분은 writeCommand() 이름으로 만들었다. 통신절차는 두 경우 모두 같고, 뒤에 데이터를 보내는 부분이 있고 없음만 차이가 난다. Chip Select(CS) 선택(LOW)후 처음 오는 클록 신호에 데이터가 들어가기 시작한다. 따라서 프로그램에서는 CS를 LOW로 한 후에 5마이크로초 후에 write Register 명령 0x50을 보내고 이어서 레지스터 데이터를 보내고 CS를 HIGH로 한다.

그림 3.9에 있는 ADS1256 시리얼 통신 타이밍과 데이터 시트에 있는 명령을 참고 해서 프로그램을 만들었다.

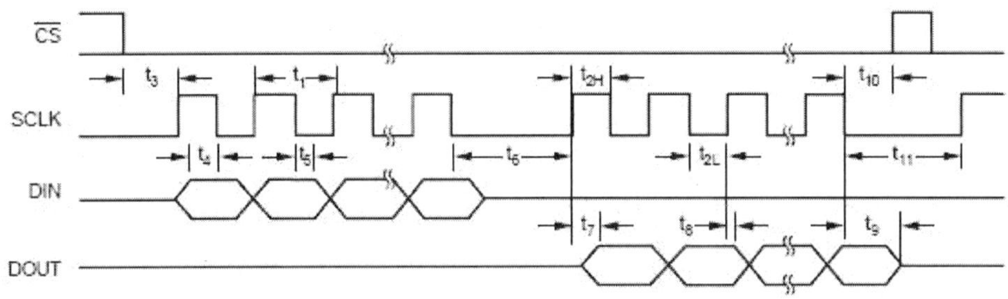

[그림 3.9] ADS1256 시리얼 통신 타이밍

update Register() 부분에서 ADS1256 레지스터를 설정하는데 각 레지스터의 기능과 설정을 알아보자.

0x00 레지스터는 STATUS 레지스터로 8비트 중 7 ~ 4번 비트는 ID이고, 3에서 0번 비트의 기능은 그림 3.10과 같다. 초기값은 16진수로 x1이다. x 부분은 ID 값으로 공장에서 제작될 때 주어진 ID 값으로 바꿀 수 없다.

BIT 7	BIT 6	BIT 5	BIT 4
ID	ID	ID	ID
BIT 3	**BIT 2**	**BIT 1**	**BIT 0**
ORDER	ACAL	BUFEN	$\overline{\text{DRDY}}$

[그림 3.10] 0x00 레지스터

3번 비트는 ORDER로 24비트, 즉 3바이트 데이터를 출력할 때 이 비트값이 0이면 상위바이트부터 하위바이트 순으로 출력하고, 1이면 하위바이트에서 상위바이트로 출력한다. 초기값은 0이다.

2번 비트는 Auto Calibration으로 0이면 Calibration을 안 하고, 1이면 calibation을 수행한다. 초기 값은 0이다.

1번 비트는 버퍼 사용 여부를 정하는데 0이면 버퍼를 안 쓰고, 1이면 쓴다. 초기값은 0이다.

0번 비트는 not DRDY 값으로 DRDY 상태를 보여준다. 이 값은 DRDY 상태에 따라 변하므로 써넣지 못하고 읽기만 할 수 있다.

이 실험에서는 0x00 레지스터 값을 2진수로 B00000110을 사용했다.

0x01 레지스터는 멀티플렉서 컨트롤 레지스터로 AD 컨버터 입력을 외부 핀과 연결을 설정한다.

BIT 7	BIT 6	BIT 5	BIT 4
PSEL3	PSEL2	PSEL1	PSEL0

BIT 3	BIT 2	BIT 1	BIT 0
NSEL3	NSEL2	NSEL1	NSEL0

[그림 3.11] 0x01 레지스터

7 ~ 4번 비트는 + AD 컨버터 입력을 8개 입력 핀 중 하나에 연결하고 3 ~ 0번 비트는 - AD 컨버터 입력을 8개의 입력 핀 중 하나에 연결한다. 7 ~ 4번 비트가

0000 이면 + AD 컨버터 입력이 AIN0에 연결되고, (초기값)

0001 - AIN1,

0010 - AIN2,

0011 - AIN3,

0100 - AIN4,

0101 - AIN5,

0110 - AIN6,

0111 - AIN7 에 연결된다.

또한 1xxx이면 즉, 6 ~ 4번 비트가 어느 값이든 7번 비트가 1이면 + AD 컨버터 입력은 AINCOM에 연결된다. 같은 방법으로 3 ~ 0번 비트값에 따라

0000 이면 - AD 컨버터 입력이 AIN0에 연결되고,

0001 - AIN1, (초기값)

0010 - AIN2,

0011 - AIN3,

0100 - AIN4,

0101 - AIN5,

0110 - AIN6,

0111 - AIN7에 연결된다.

또한 1xxx 즉 2 ~ 0번 비트가 어느 값이든 3번 비트가 1이면 - AD 컨버터 입력은 AINCOM에 연결된다. 그림 3.11에 0x01 레지스터의 각 비트기능을 나타낸다. 초기값은 2진수로 0000 0001이므로 16진수로 01이다.

이 실험에서는 0x01 레지스터 값을 2진수로 B00000001을 사용한다.

0x02 레지스터는 A/D 컨트롤 레지스터로 클록OUT 주파수 설정, 전류원을 사용할 때 검출 범위 설정, 입력신호를 8단계로 증폭시켜서 정밀측정을 하도록 증폭 단계를 설정한다.

BIT 7	BIT 6	BIT 5	BIT 4
0	CLK1	CLK0	SDCS1

BIT 3	BIT 2	BIT 1	BIT 0
SDCS0	PGA2	PGA1	PGA0

[그림 3.12] 0x02 레지스터

7번 비트는 사용하지 않는다.

6 - 5번 비트는 클록 OUT 설정
00 - 클록 OUT OFF
01 - 클록 OUT 주파수 = 클록 주파수 (초기값)
10 - 클록 OUT 주파수 = 클록 주파수 / 2
11 - 클록 OUT 주파수 = 클록 주파수 / 4

4 - 3번 비트
00 - 센서 검출 OFF (초기값)
01 - 센서 검출 전류 = 0.5μA
10 - 센서 검출 전류 = 2μA
11 - 센서 검출 전류 = 10μA

2 – 0번 비트 PGA (Programmable Gain Amplifier)

000 – 1 (초기값)	100 – 16
001 – 2	101 – 32
010 – 4	110 – 64
011 – 8	111 – 64

초기값은 2진수로 0010 0000이므로 16진수로 20이다. 이 실험에서는 0x02레지스터 값을 2진수로 B00000000을 사용한다.

0x03 레지스터는 A/D 컨버터 초당 변환횟수를 정하는 곳이다.

단위는 SPS (Sampling Per Second)이다.

7번 비트에서 0번 비트까지 8비트를 모두 사용한다.

1111 0000 – 30,000SPS (초기값)	0111 0010 – 60SPS
1110 0000 – 15,000SPS	0110 0011 – 50SPS
1101 0000 – 7,500SPS	0101 0011 – 30SPS
1100 0000 – 3,750SPS	0100 0011 – 25SPS
1011 0000 – 2,000SPS	0011 0011 – 15SPS
1010 0001 – 1,000SPS	0010 0011 – 10SPS
1001 0010 – 500SPS	0001 0011 – 5SPS
1000 0010 – 100SPS	0000 0011 – 2.5SPS

초기값은 2진수로 1111 0000이므로 16진수로 F0이다.

이 실험에서는 0x02레지스터 값을 2진수로 B00100011을 사용한다.

updateRegister 함수에서 00 ~ 03까지 레지스터 값을 넣고, 마지막 부분에 writeCommand(B11110000)이 있는데 이것은 Self 옵셋과 입력 신호 게인 조정을 하라는 명령이다. 2진수 1111 0000은 16진수로 F0로 명령어 표 3.2에 보면 SELFCAL 명령이다.

- **데이터 읽기** : AD 컨버터를 통해서 변환된 데이터를 읽기 위해서는 그림 3.13에 있는 타이밍에 따라 진행해야 한다. 먼저 데이터를 읽으려는 Arduino에서

CS를 LOW로 하고 ADS1256이 not DRDY가 LOW가 되기를 기다린다. not DRDY가 LOW가 되면 데이터 읽기 명령 (0000 0001)을 보내고 데이터 준비시간 t6를 기다린 후에 데이터를 읽으면 된다. 데이터가 다 들어오면 CS를 HIGH로 해주어서 통신을 끝낸다. 그림 3.14 플로차트를 참고하라. 실제 사용된 프로그램 모듈은 플로차트 아래에 있다.

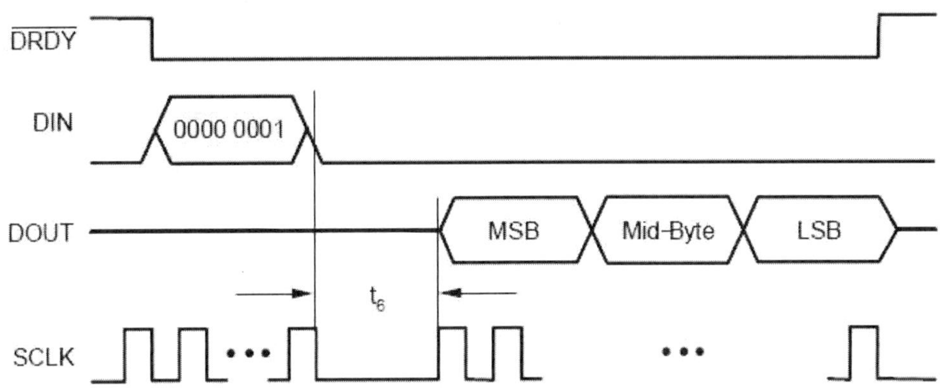

[그림 3.13] 데이터 읽기 타이밍 도

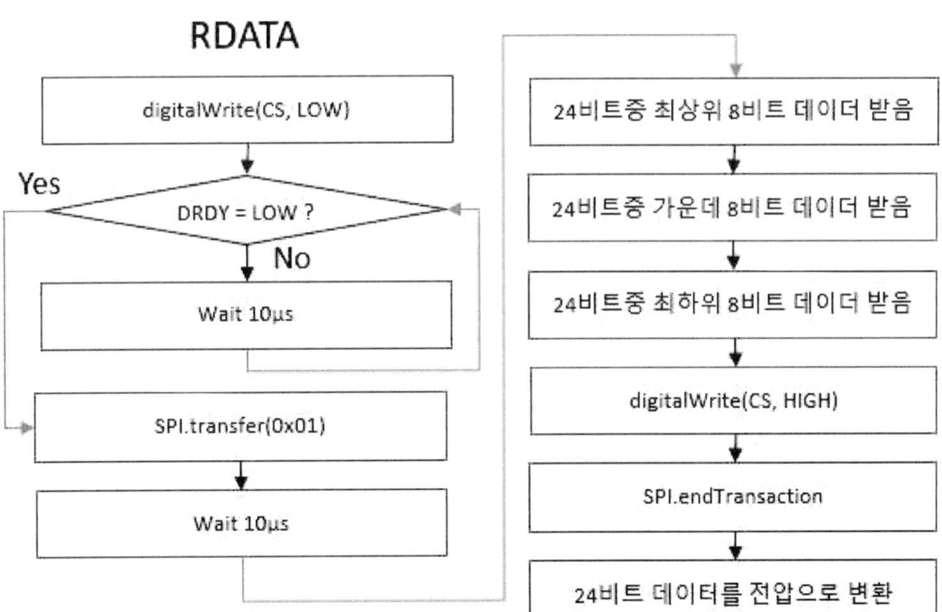

[그림 3.14] 데이터 읽기 플로차트

```
void read_Data()
{
  adData = 0;
  digitalWrite(CS, LOW);
  while (digitalRead(DRDY))
  {
      delayMicroseconds(10);
  }
  SPI.beginTransaction(SPISettings(2000000, MSBFIRST, SPI_MODE1));
  SPI.transfer(0x01);
  delayMicroseconds(10);
  adData |= SPI.transfer(0x0F);
  adData <<= 8;
  adData |= SPI.transfer(0x0F);
  adData <<= 8;
  adData |= SPI.transfer(0x0F);
  digitalWrite(CS, HIGH);
  SPI.endTransaction();
  c_Volt(adData);
}
```

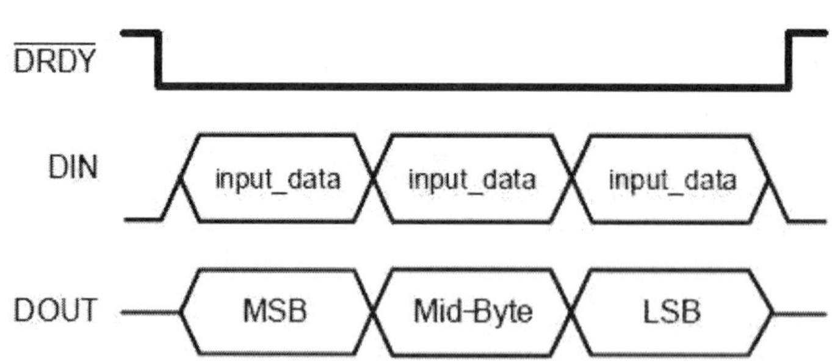

[그림 3.15] 24비트 데이터를 받는 타이밍 도

ADS1256 AD 컨버터로 변환된 데이터는 24비트로 8비트씩 3번 나누어서 데이터를 받으면서 8비트씩 상위비트로 밀어서 24비트 데이터로 합쳐야 한다.

24비트 데이터를 8비트씩 받기 위해서 그림 3.15 타이밍 도와 같이 SPI.transfer 명령을 통해서 데이터를 ADS1256으로 보내면 거기에 맞추어서 ADS1256에서 변환된 데이터를 8비트씩 보내게 된다.

받은 24비트 데이터를 전압으로 바꾸는 프로그램 모듈은 다음과 같다.

```
void c_Volt(int32_t adData)
{
  if (long minus = adData >> 23 == 1)
    {
      adData = adData - 16777216;
    }

    voltage = ((2*VREF) / 8388608)*adData;
    Serial.println(voltage,8);
    voltage = 0;
}
```

24비트가 1이면 – 값이므로 받은 값에서 16777216(224)을 빼야 한다.

기준 전압에 따라 측정하는 전압의 범위는 ±기준 전압이므로 측정 전압은 기준 전압 × 2를 24비트에서 24번 비트는 부호이므로 23 비트값 즉 8388608(223)로 나눈 값을 읽은 24비트 데이터에 곱하면 된다.

전체 프로그램은 아래와 같고 측정된 결과는 그림 3.16에 있다.

생략된 초기화 등 프로그램 모듈은 앞에서 설명하면서 넣은 코드를 그대로 넣으면 된다.

```
#include <SPI.h>

double VREF = 2.50;
double voltage = 0.00;

const byte CS = 10;
```

```
const byte DRDY = 9;
int32_t adData;

void setup() {
  Serial.begin(115200);
  pinMode(DRDY, INPUT);
  pinMode(CS, OUTPUT);
  delay(500);
}

void loop() {
  if (Serial.available() > 0)
  {
    char in_Char = Serial.read();
    switch (in_Char)
    {
      case 't':
        Serial.println("OK");
        break;
      case 'i':
        Serial.println("Initialization ...");
        initialize_SPI();
        delay(100);
        reset_ADS1256();
        delay(100);
        updateRegisters();
        delay(10);
        Serial.println("Initialization finished!");
        break;
      case 'r':
        Serial.println("Read Data ...");
        for(int i = 0; i < 10; i++)
        {
          read_Data();
        }
        break;
```

```
        }
    }
}
void initialize_SPI() {...}
void reset_ADS1256() {...}
void updateRegisters() {...}
void writeRegister(uint8_t registerAddress, uint8_t registerValueW) {...}
void writeCommand(uint8_t aCommand) {...}
void read_Data() {...}
void c_Volt(int32_t adData) {...}
```

사용방법은 시리얼 모니터로 t, i, r을 넣으면 각각 통신 상태 확인, 장치 초기화, 데이터 읽기 등을 수행한다.

시리얼 모니터 입력 창에 t를 넣으면 연결 상태를 확인하고 OK출력이 된다. i를 입력하면 초기화를 하고 초기화기 끝나면 Initialization finished!를 출력한다. 이제 r을 입력해서 데이터를 읽어보면 10번 값을 읽어서 출력된다.

[그림 3.16] 측정된 결과

4. PC와 통신

4.1 통신을 위한 설정과 연결

Arduino에서 수집한 데이터를 PC로 보내거나 특정한 명령을 PC에서 Arduino로 보내기 위해서는 PC와 Arduino 사이에 통신이 필요하다. 두 장치 사이의 통신은 두 장치를 USB 포트로 연결하고, PC에서는 USB 포트로 연결된 시리얼 포트를 이용한다.

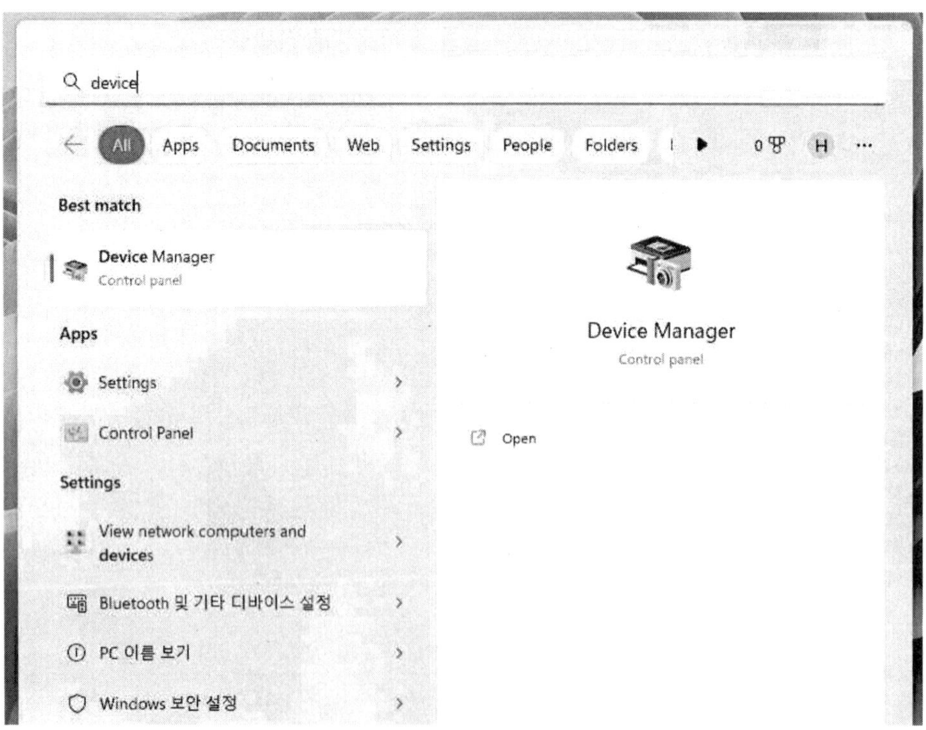

[그림 4.1.1] Device Manager 찾기

먼저 PC와 Arduino가 USB로 연결된 COM port 번호를 알아야 한다. PC (windows 11)에서 그림 4.1.1과 같이 device manager를 찾아서 실행하면 그림 4.1.2 같이 PC와 연결된 COM port 번호를 알 수 있다.

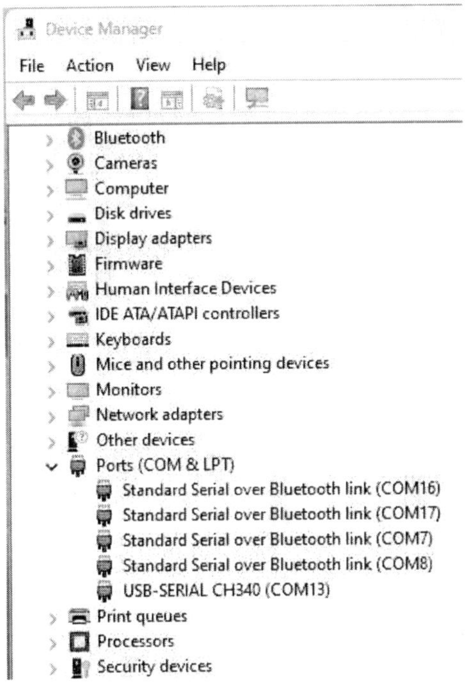

[그림 4.1.2] PC와 연결된 COM port 번호 찾기

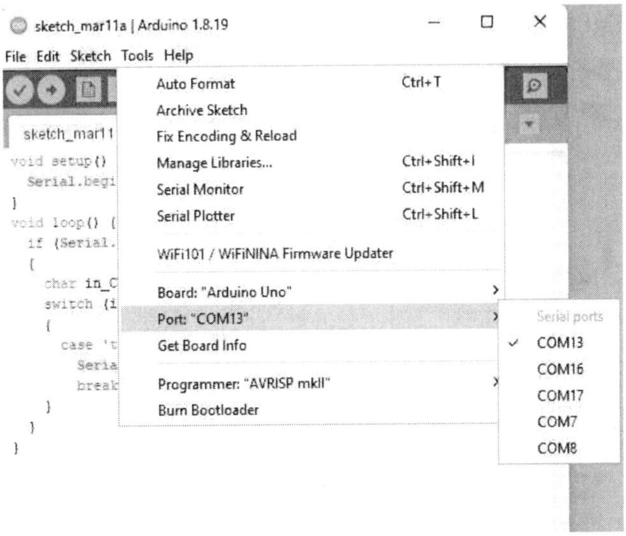

[그림 4.1.3] Arduino에 COM port 연결

그림 4.1.2와 같이 Device Manager에서 Ports를 보면 CH340(COM13)이 Arduino와 연결된 PC의 COM port다.

그림 4.1.3과 같이 먼저 COM13을 Arduino에 연결한다. 그리고 이 포트를 사용해서 PC에서 Arduino와 통신을 하면 된다. Arduino에서 PC와 통신을 위한 세팅은 시리얼 모니터 연결 세팅과 같다.

setup()에는 다음과 같이 통신 속도만 정하면 되고 loop()에 통신 프로그램을 넣으면 된다. 통신 프로그램은 시리얼 포트로 읽고 쓰는 프로그램으로 내용은 목적에 맞게 작성하면 된다.

다음 프로그램을 넣고 시리얼 모니터를 실행하자.

```
void setup() {
  Serial.begin(115200);
}
void loop() {
  if (Serial.available() > 0)
  {
    char in_Char = Serial.read();
    switch (in_Char)
    {
      case 't':
        Serial.println("OK");
        break;
    }
  }
}
```

시리얼 모니터에 t를 넣으면 그림 4.1.4와 같이 OK를 출력한다.

이제 PC 측 프로그램을 만들자. Microsoft 사의 Visual Studio를 사용하고 C# 언어로 Windows Form .Net Framework를 이용한다.

Visual Studio를 시작하고 New Project – Windows Forms App(.Net Framework)를 선택하고 다음(Next)을 누른다. (그림 4.1.5)

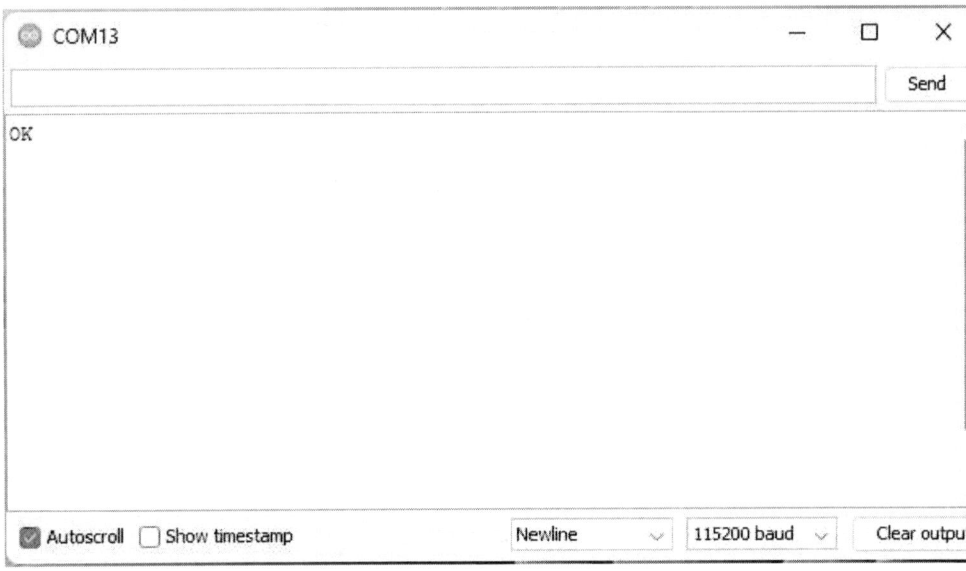

[그림 4.1.4] 시리얼 모니터를 이용한 통신 확인

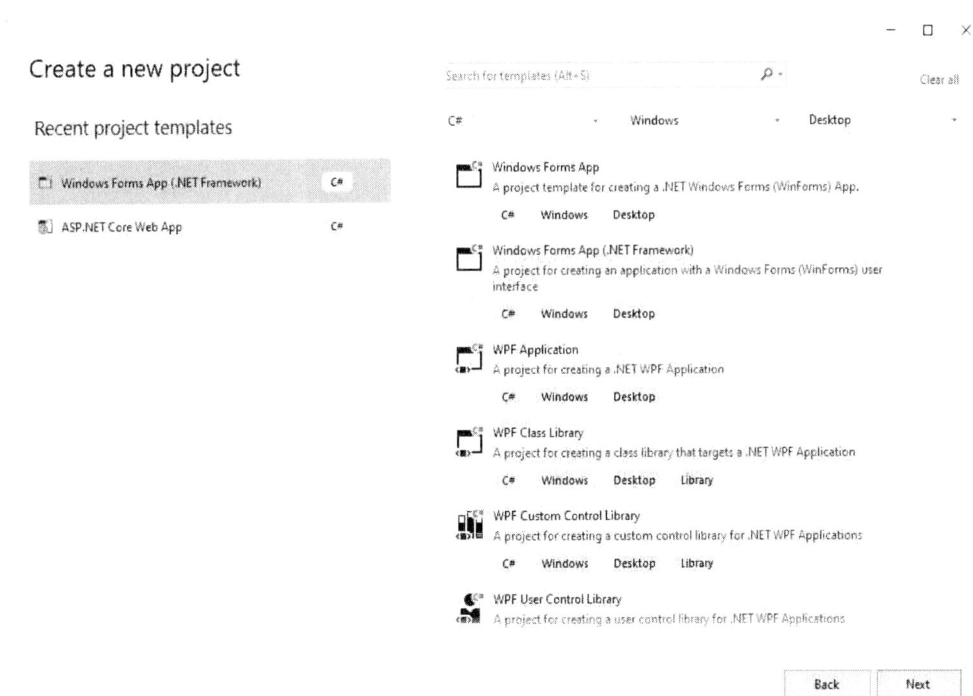

[그림 4.1.5] 프로젝트 타입 선택

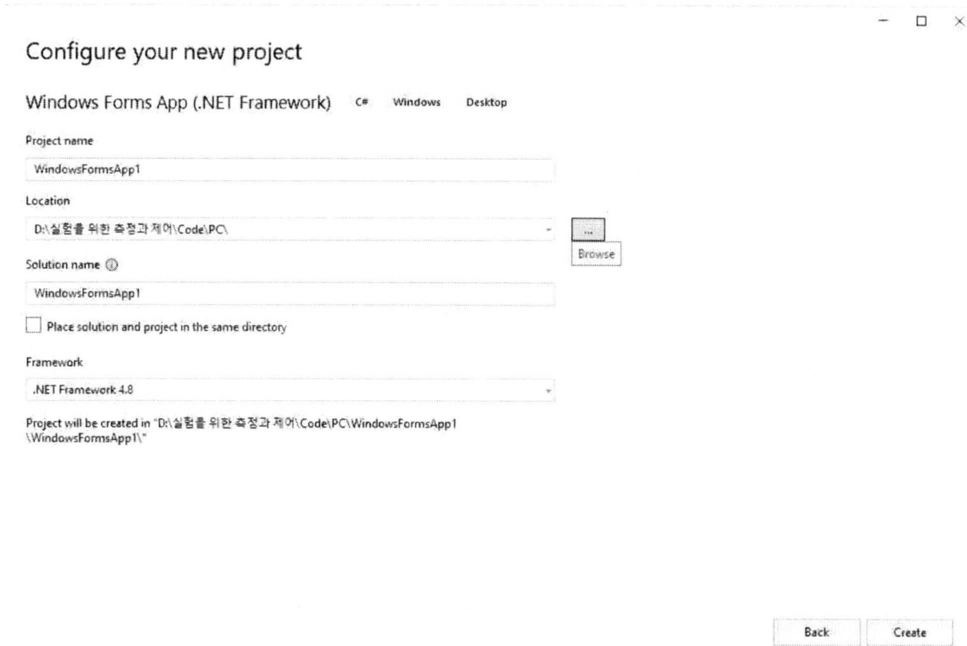

[그림 4.1.6] 프로젝트 위치와 이름 설정

그림 4.1.6과 같이 프로젝트 위치와 이름을 정하고 Create(생성) 버튼을 누르면 그림 4.1.7과 같은 빈 창이 열린다.

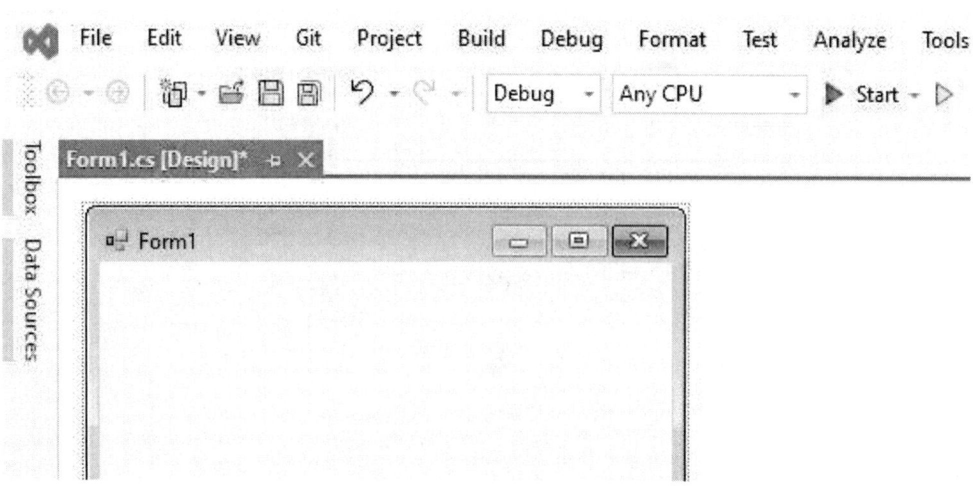

[그림 4.1.7] 새 프로젝트 창

여기에 그림 4.1.8과 같이 프로그램에 사용할 화면을 만든다.

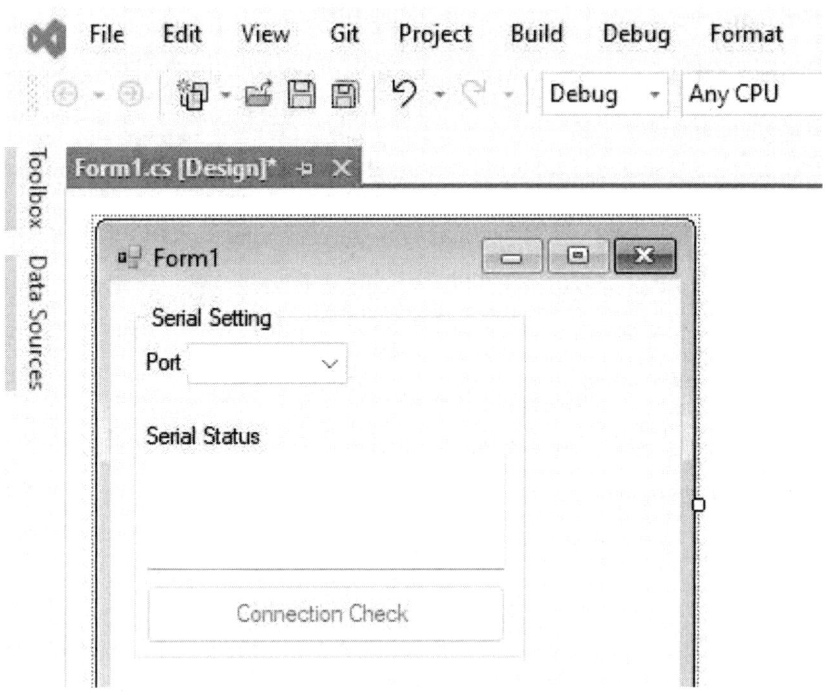

[그림 4.1.8] 사용자화면 만들기

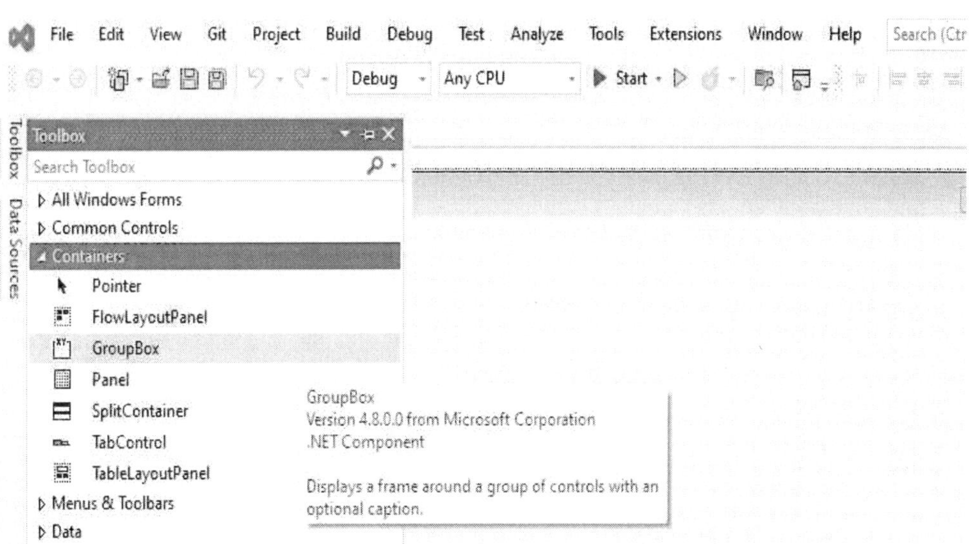

[그림 4.1.9] group box 넣기

여기서 Serial Setting이라고 되어 있는 group box는 그림 4.1.9와 같이 왼쪽 ToolBox – Container – GroupBox를 원하는 위치에 놓고 크기를 조정하면 된다. 이름도 group box1을 Serial Setting으로 바꾸면 된다.

ToolBox – All Windows Forms에는 모든 항목이 다 보이므로 분류를 모르면 여기서 찾으면 된다.

Port라고 쓴 글자는 label을 넣고 글자를 바꾸면 된다. 포트를 선택하는 drop down list는 ComboBox를 찾아서 넣는다. 그리고 이름을 cbPort로 넣는다. Serial Status도 label이고 그 아래 하얀색 박스는 TextBox로 출력을 위한 창이다. TextBox의 기본 속성은 한 줄만 표시 되게 되어 있다. 여러 줄을 표시하려면 TextBox Properties(속성)에서 Multiline 을 찾아 그 값을 true로 하고 마우스로 박스 크기를 조정하면 된다. 박스 이름은 tbMessage1으로 한다. 마지막에 버튼을 넣고 크기를 조정하고 버튼 이름을 tbConnect라고 넣고 Text에 Connection Check라고 넣는다.

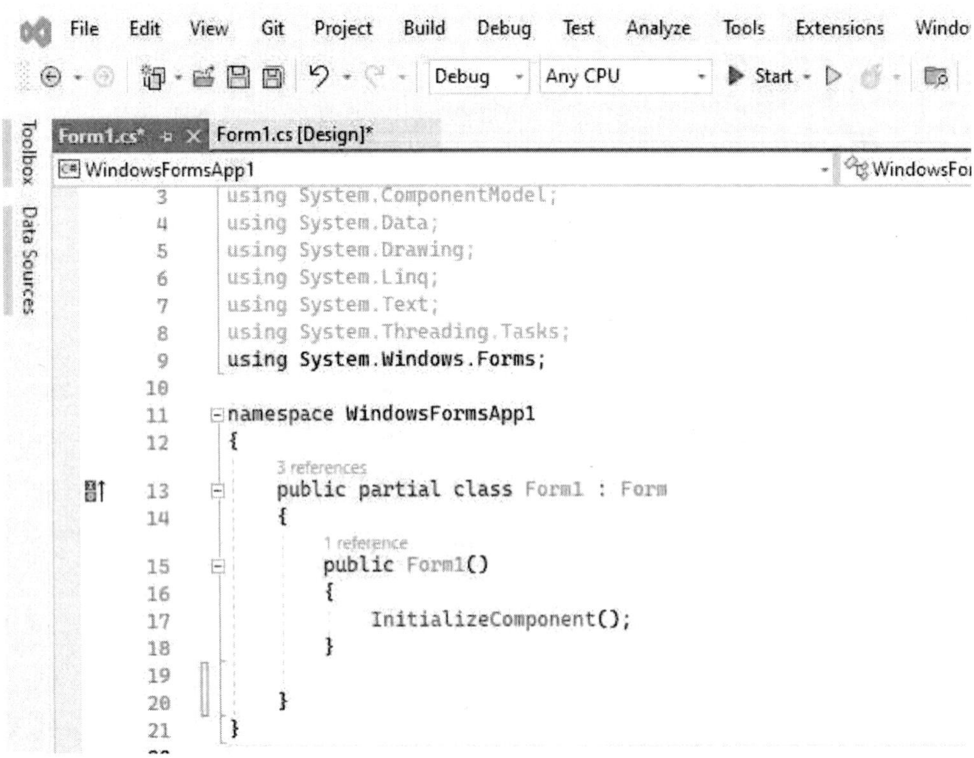

[그림 4.1.10] 프로그램 창

여기서 F7 키를 눌러 코드로 들어가거나 Visual Studio 오른쪽 솔루션 탐색기에서 Form1.cs 파일을 선택하고 마우스 오른쪽 버튼을 눌러 view code를 선택하면 코드로 들어간다. 그러면 그림 4.1.10과 같은 창을 볼 수 있다.

다시 위쪽에 다지인 탭을 눌러서 화면 디자인 창으로 돌아오고 여기서 Port 옆 ComboBox를 더블클릭한다. 그러면 코드 창으로 자동으로 들어가면서 private void cbPort_ SelectedIndexChanged(object sender, EventArgse) 함수가 생성된 것을 볼 수 있다.

다시 화면 디자인 창으로 와서 Connection Check 버튼을 더블클릭하면 private void tbConnect_Click(object sender, EventArgs e) 함수가 생성된다.

시리얼 포트를 프로그램에서 사용하기 위해 화면 디자인 창에서 ToolBox – Components – SerialPort를 선택하고 디자인 화면 아무 곳에나 끌어다 놓으면 디자인 화면 아래쪽에 serialPort1이라고 포트가 생긴다.

public Form1() 함수에 모든 초기화가 필요한 것들을 넣는다. 연결 가능한 시리얼 포트를 찾아서 리스트를 만드는 getAvailablePorts() 함수를 다음과 같이 만든다.

```
void getAvailablePorts()
        {
            String[] ports = SerialPort.GetPortNames();
            cbPort.Items.AddRange(ports);
        }

tbMessage1,Text = “”;
메시지 박스도 모든 텍스트를 지운다.
public Form1()
{
    InitializeComponent();
    tbMessage1.Text = "";
    getAvailablePorts();
}
```

시리얼 포트가 선택되면 cbPort_SelectedIndexChanged 함수가 실행되므로 이 함수 안에 선택된 시리얼 포트를 초기화해야 한다. try catch를 사용하는 것은 에러에 의해 프로그램이 멈추는 것을 막기 위해서다.

```
private void cbPort_SelectedIndexChanged(object sender, EventArgs e)
{
    try
    {
      serialPort1.PortName = cbPort.Text;
      serialPort1.BaudRate = 115200;
      serialPort1.Open();
      tbMessage1.Text = cbPort.Text + " is Ready.";
    }
    catch (Exception ex)
    {
      tbMessage1.Text = "Unauthorized Access    " + ex.Message;
    }
}
```

이때 통신속도 Baud Rate는 Arduino 프로그램에서 시리얼 통신에 설정한 값과 같아야 한다. 포트 설정이 되면 “포트 이름 is Ready.”를 텍스트 박스에 출력한다.

Connection Check 버튼을 누르면 Arduino로 시리얼 포트를 통해 ‘t’ 명령을 보내고 앞서 Arduino 프로그램에서 ‘t’를 받으면 OK를 보내게 되어 있으므로 OK를 받아서 Connection is OK를 출력하도록 한다.

시리얼 통신은 비동기 통신으로 메인 프로그램 스레드 안에서 같이 실행되면 통신 중간에 텍스트 박스 내용이 업데이트되지 않고 버튼도 동작하지 않는다. 따라서 시리얼 통신 부분은 별도의 스레드를 만들어서 메인 프로그램 스레드와 분리해야 한다. 스레드를 사용하기 위해서는 using System.Threading; 을 사용한다. 또한 스레드를 전역 변수로 지정해서 다른 함수에서도 사용할 수 있도록 한다.

통신 확인 함수 init()를 다음과 같이 만든다.

```
private void init()
{
    serialPort1.WriteLine("t"); //Connection Check
    data0 = serialPort1.ReadLine();
    if (data0 == "OK₩r")
    {
      message1 = " Connection is OK₩r₩n";
            tbMessage1.Invoke((MethodInvoker)(() =>
            tbMessage1.Text = message1));
    }
}
```

PC에서 시리얼 포트를 통한 명령이나 데이터 송신에 serialPort1.WriteLine() 명령을 사용하고, 수신은 serialPort1.ReadLine()을 사용한다.

tbMessage1.Invoke((MethodInvoker)(() => tbMessage1.Text = message1));

이 부분은 텍스트 박스를 업데이트하는 부분으로 스레드 안에서는 MethodInvoker를 사용해야 텍스트 박스를 업데이트할 수 있다.

전체 프로그램은 다음과 같다.

```
using System;
using System.IO.Ports;
using System.Windows.Forms;
using System.Threading;

namespace WindowsFormsApp1
{
    public partial class Form1 : Form
    {
        private string data0, message1;
        private Thread ti;
        public Form1()
        {
```

```
        InitializeComponent();
        tbMessage1.Text = "";
        getAvailablePorts();
    }
    void getAvailablePorts()
    {
        String[] ports = SerialPort.GetPortNames();
        cbPort.Items.AddRange(ports);
    }
    private void cbPort_SelectedIndexChanged(object sender, EventArgs e)
    {
        try
        {
            serialPort1.PortName = cbPort.Text;
            serialPort1.BaudRate = 115200;
            serialPort1.Open();
            tbMessage1.Text = cbPort.Text + " is Ready.";
        }
        catch (Exception ex)
        {
            tbMessage1.Text = "Unauthorized Access     " + ex.Message;
        }
    }

    private void tbConnect_Click(object sender, EventArgs e)
    {
        ti = new Thread(new ThreadStart(init));
        tbMessage1.Text = "";
        try
        {
            if (cbPort.Text == "")
            {
```

```
                tbMessage1.Text = "Please select serial port";
            }
            else if (serialPort1.IsOpen)
            {
                ti.Start();//init();
            }
            else
            {
                serialPort1.PortName = cbPort.Text;
                serialPort1.BaudRate = 115200;
                serialPort1.Open();
                ti.Start();// init();
            }
        }
        catch (Exception ex)
        {
            tbMessage1.Text = "Unauthorized Access    " + ex.Message;
        }
    }
    private void init()
    {
        serialPort1.WriteLine("t"); //Connection Check
        data0 = serialPort1.ReadLine();
        if (data0 == "OK₩r")
        {
            message1 = " Connection is OK" + "₩r₩n";
            tbMessage1.Invoke((MethodInvoker)(() =>
           tbMessage1.Text = message1));
        }
    }
  }
}
```

프로그램 실행화면은 그림 4.1.11과 4.1.12에 있다.

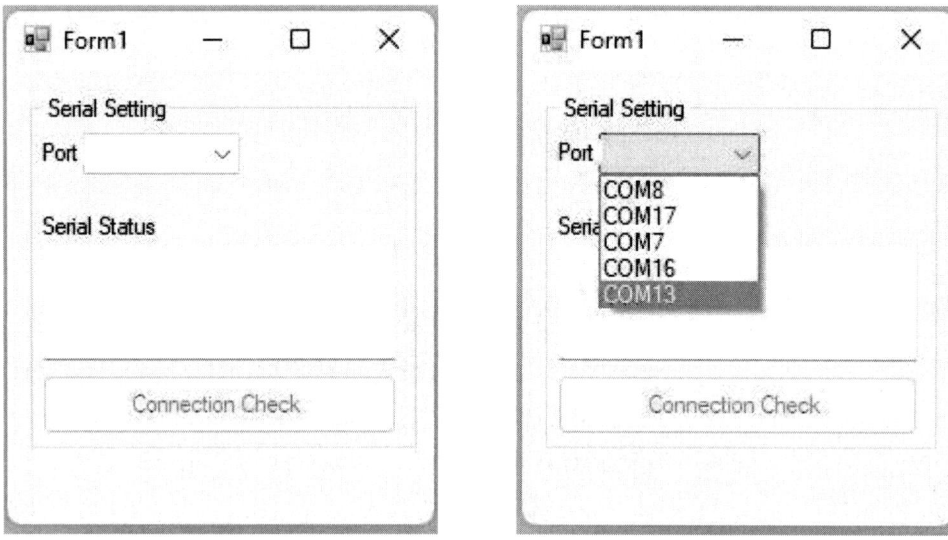

[그림 4.1.11] PC 측 프로그램 실행화면

프로그램을 실행하고 통신포트를 찾아서 선택하는 부분이 그림 4.1.11에 있다.

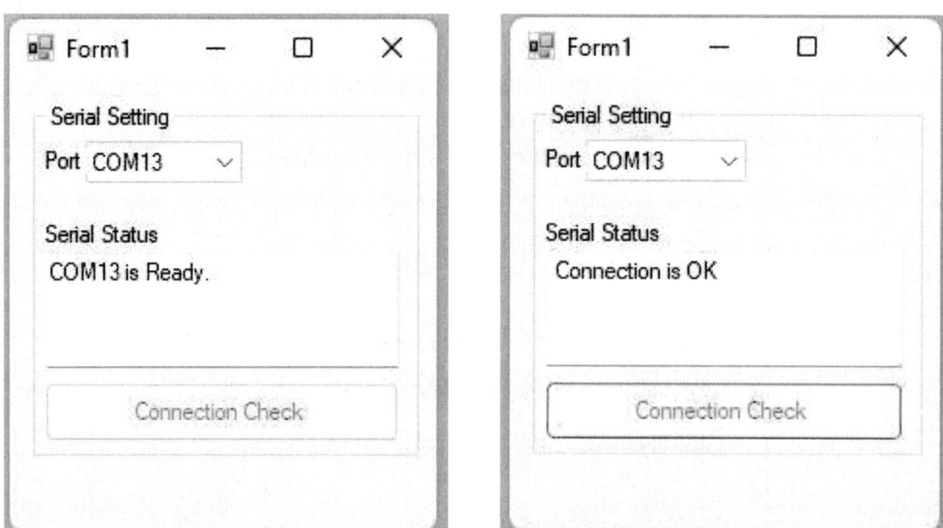

[그림 4.1.12] PC 측 프로그램 실행화면

통신포트(COM13)가 선택되면 COM13 is Ready. 가 출력되어 통신포트가 이상이 없음을 확인할 수 있고 Connection Check 버튼을 누르면 Arduino로 't'를 보내고 OK를 받아서 Connect is OK가 출력되었다. 이로써 PC와 Arduino가 시리얼 포트를 통한 연결과 통신이 문제없이 잘되는 것을 확인했다.

4.2 PC 명령으로 Arduino에서 자료수집 및 전송(전압측정)

Arduino 회로는 그림 4.2.1과 같이 내장된 AD 컨버터를 이용해서 A0 포트에 입력된 전압을 읽어서 PC로 보내는 간단한 회로다. 이것은 2.5절 아날로그 신호읽기와 처리에서 사용한 회로와 같고 프로그램도 같으나, PC에서 명령받아서 데이터를 보내는 부분을 추가해야 한다.

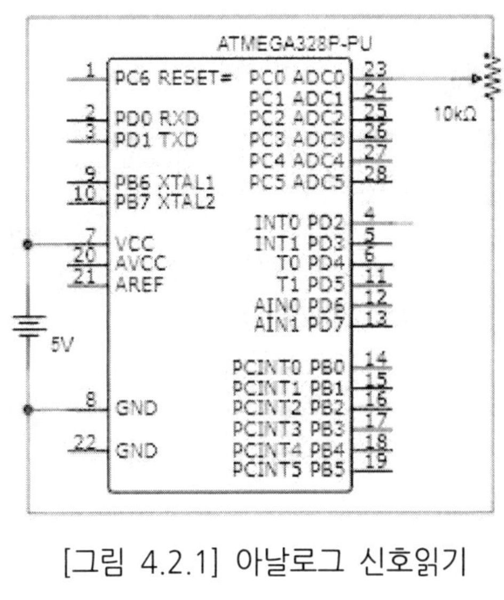

[그림 4.2.1] 아날로그 신호읽기

Arduino 측 프로그램에서 PC와 통신을 확인하는 부분은 4.1절과 같이 't' 명령을 사용하고 'm' 명령이 들어오면 A0 포트 전압을 AD 컨버터로 10번 읽어서 평균을 내어 PC로 보내도록 만들자. PC 측에는 't' 명령을 보내 통신을 확인하는 부분과 'm' 명령을 보내고 측정된 데이터를 받아서 표시하는 부분을 만들면 된다.

Arduino 측 프로그램은 다음과 같다.

```
int portA0Value;
float volt;
void setup()
{
    Serial.begin(9600);
}
void loop() {
  if (Serial.available() > 0)
  {
    char in_Char = Serial.read();
    switch (in_Char)
    {
      case 't':
        Serial.println("OK");
        break;
      case 'm':
       volt = readA0();
        Serial.println(volt);
       Serial.println("OK");
        break;
    }
  }
}
float readA0()
{
    float msum = 0;
    for(int I = 0; I < 10; I++)
    {
      portA0Value = analogRead(A0);
      msum = msum + (portA0Value * 5.0 /1024.0);
    }
    return msum / 10.0;
}
```

시리얼 포트로 명령이 들어오는지 감시하고 (if (Serial.available() > 0)) 명령이 들어오면 명령이 't'와 'm' 일 때만 처리하도록 한다. (case 't': ... case 'm':)

't' 명령이 들어오면 'OK'를 보내고 'm' 명령이 들어오면 A0 포트에서 10번 데이터를 읽고 평균값을 구해서 평균값 하나만 PC로 전송한다.

Arduino AD 컨버터는 0~5V를 10비트로 표시하기 때문에 2^10 즉 1024일 때가 5V이다. 따라서 A0 포트로 읽은 값에 5를 곱하고 1024로 나누면 측정된 전압이 된다.

다음은 PC 측 프로그램이다.

그림 4.2.2와 같이 화면을 만든다. 왼쪽 Serial Setting 부분은 화면과 코드 모두 4.1절과 같다.

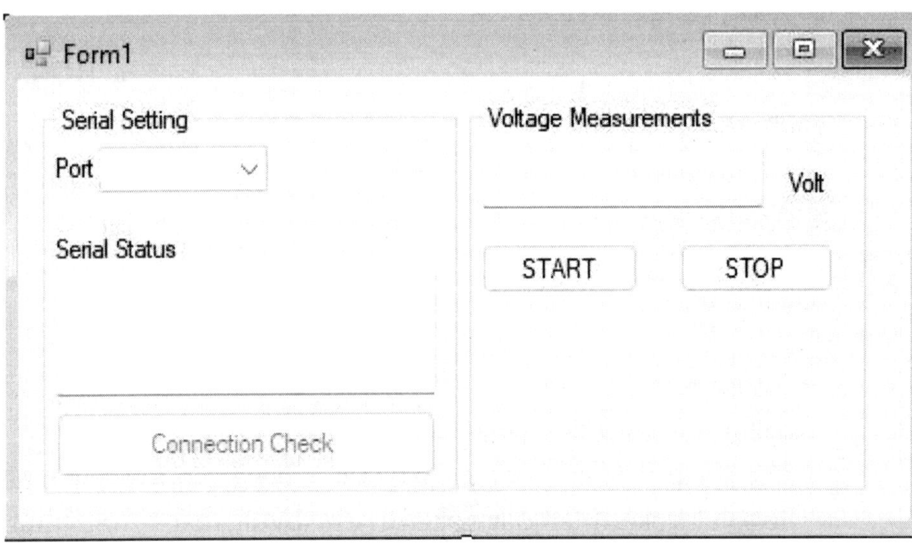

[그림 4.2.2] PC 측 화면 설계

START와 STOP 버튼을 더블클릭해서 버튼 이벤트를 만들고 그 안에 다음 코드를 넣는다.

먼저 스레드를 사용하기 위해 전역 변수로 스레드를 정의한다.

명령을 보내서 데이터를 읽는 readVoltage() 함수를 스레드에서 실행하려고 tm = new Thread(new ThreadStart(readVoltage))를 사용한다.

```
private Thread ti, tm;
private void btStart_Click(object sender, EventArgs e)
{
    tm = new Thread(new ThreadStart(readVoltage));
    brun = true;
    tm.Start();
}

private void btStop_Click(object sender, EventArgs e)
{
    brun = false;
}
```

readVoltage() 함수는 다음과 같다.

```
private void readVoltage()
{
    if (serialPort1.IsOpen)
    {
        while (brun)
        {
            serialPort1.WriteLine("m");
            data0 = serialPort1.ReadLine();
            voltString = String.Format("{0:0.00}", Convert.ToDouble(data0));
            tbVolt.Invoke((MethodInvoker)(() => tbVolt.Text = voltString));
            while (serialPort1.ReadLine() != "OK₩r")
            data0 = "";
        }
    }
    else
    {
        brun = false;
        MessageBox.Show("COM port is not Opened !");
    }
}
```

readVoltage() 함수에서 먼저 시리얼 포트가 열려있는지 확인하고, 열려있으면 Arduino로 serialPort1.WriteLine("m")로 'm'을 보내서 데이터를 받는다. Arduino에서는 데이터를 보내고 이어서 'OK'를 보내므로 data0 = serialPort1.ReadLine() 로 data0에 데이터를 받고, 다시 시리얼 포트를 읽어서 'OK'가 들어오는지 확인한다. 'OK'가 확인이 되면 다시 'm'명령을 보내어 데이터를 받는다. 이것을 STOP 버튼을 누를 때까지 반복한다.

시리얼 포트가 열리지 않았다면 readVoltage() 함수가 실행되는 스레드를 중지하고 에러 메시지를 보내고 다음 명령을 기다린다.

읽은 전압을 화면에 표시하는 부분은 tbVolt.Invoke((MethodInvoker)(() => tbVolt.Text = voltString)); 이다. 텍스트 박스를 스레드 내에서 업데이트하려면 MethodInvoker 함수를 사용해야 한다.

PC측 전체 프로그램은 다음과 같다.

```
using System;
using System.IO.Ports;
using System.Windows.Forms;
using System.Threading;

namespace WindowsFormsApp4._2
{
    public partial class Form1 : Form
    {
        private string data0, data1, message1;
        private Thread ti, tm;
      int baud = 9600;
        public Form1()
        {
            InitializeComponent();
            tbMessage1.Text = "";
            getAvailablePorts();
        }
```

```
void getAvailablePorts()
{
    String[] ports = SerialPort.GetPortNames();
    cbPort.Items.AddRange(ports);
}
private void cbPort_SelectedIndexChanged(object sender, EventArgs e)
{
    try
    {
        serialPort1.PortName = cbPort.Text;
        serialPort1.BaudRate = baud;
        serialPort1.Open();
        tbMessage1.Text = cbPort.Text + " is Ready.";
    }
    catch (Exception ex)
    {
        tbMessage1.Text = "Unauthorized Access    " + ex.Message;
    }
}

private void tbConnect_Click(object sender, EventArgs e)
{
    ti = new Thread(new ThreadStart(init));
    tbMessage1.Text = "";
    try
    {
        if (cbPort.Text == "")
        {
            tbMessage1.Text = "Please select serial port";
        }
        else if (serialPort1.IsOpen)
        {
            ti.Start();//init();
```

```
                }
                else
                {
                    serialPort1.PortName = cbPort.Text;
                    serialPort1.BaudRate = baud;
                    serialPort1.Open();
                    ti.Start();// init();
                }
            }
            catch (Exception ex)
            {
                tbMessage1.Text = "Unauthorized Access    " + ex.Message;
            }
        }
        private void init()
        {
            serialPort1.WriteLine("t"); //Connection Check
            data0 = serialPort1.ReadLine();
            if (data0 == "OK₩r")
            {
                message1 = " Connection is OK" + "₩r₩n";
                tbMessage1.Invoke((MethodInvoker)(() =>
               tbMessage1.Text = message1));
            }
        }
    }
    private void btStart_Click(object sender, EventArgs e)
    {
       tm = new Thread(new ThreadStart(readVoltage));
       brun = true;
       tm.Start();
    }
    private void btStop_Click(object sender, EventArgs e)
    {
```

```
            brun = false;
        }
        private void readVoltage()
        {
            if (serialPort1.IsOpen)
            {
                while (brun)
                {
                    serialPort1.WriteLine("m");
                    data1 = serialPort1.ReadLine();
                     data0 = serialPort1.ReadLine();
                    voltString = String.Format("{0:0.00}", Convert.ToDouble(data1));
                   tbVolt.Invoke((MethodInvoker)(() => tbVolt.Text = voltString));
                }
            }
            else
            {
                brun = false;
                MessageBox.Show("COM port is not Opened !");
            }
        }
}
```

[그림 4.2.3] 전압 측정 회로

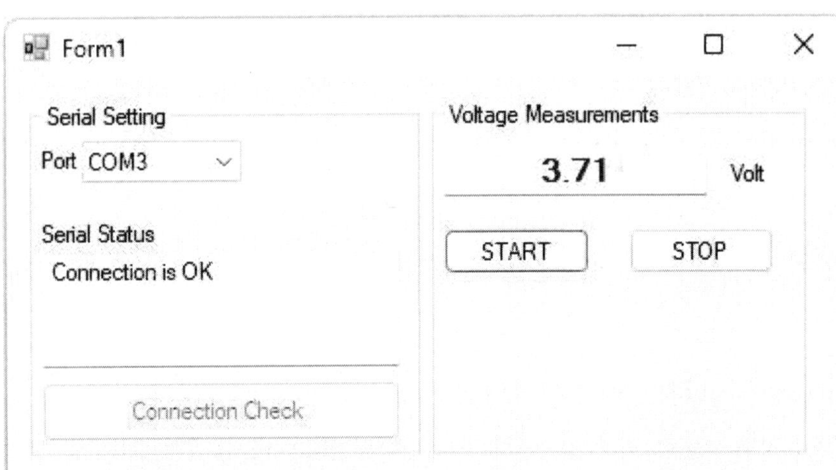

[그림 4.2.4] 전압 측정 프로그램 화면

5. 면저항 측정장치

면저항은 물질을 박막으로 만들었을 때 박막의 아주 중요한 전기적 특성을 나타내어 박막 특성을 연구하는데 정확한 면저항 측정은 매우 중요하다. 여기서는 Arduino와 ADS1256을 이용하여 정밀한 면저항 측정장치를 설계하고 만들어 실제 측정에 사용한다.

5.1 면저항(Sheet Resistance)과 비저항(Resistivity)

비저항은 물질이 지닌 고유한 전기적 특성으로 물질에 따라 비저항은 모두 다르다. 저항과 비저항의 관계는 다음과 같다.

$$R = \rho \frac{l}{A}$$ R: 저항, ρ: 비저항, l: 물체의 길이, A: 물체의 면적

저항의 단위는 Ω이고 비저항의 단위는 $\Omega \cdot$cm 또는 $\Omega \cdot$m이다.

면저항은 일반적으로 두께가 아주 얇은 박막(thin film)에서 전기적 특성으로 박막의 두께가 수십~수천 nm 정도로 아주 얇아서 깊이에 대한 전기적 특성이 아주 작으므로 단순히 표면에 나타나는 전기적 특성만을 나타내는 물리량이다.

면저항과 비저항 사이의 관계는 면저항에 물질의 두께를 곱하면 비저항이 된다. 면저항의 단위는 Ω/sq로 나타내는데, 단위는 Ω으로 일반 저항과 단위가 같다. 따라서 이를 구분하기 위해 Ω/sq로 표시한다.

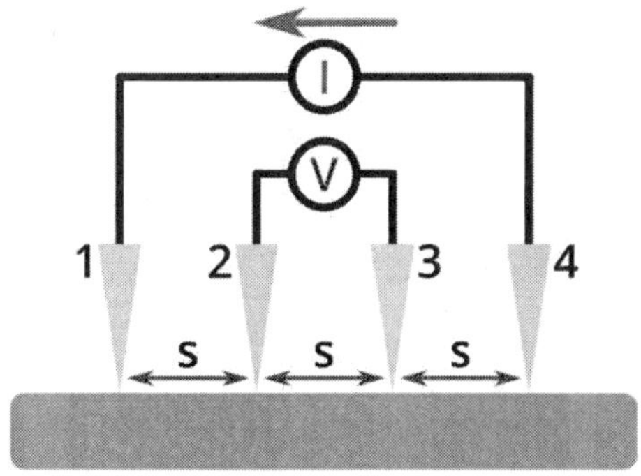

[그림 5.1.1] Four-Point Probe를 사용한 면저항 측정

박막의 면저항을 측정하는 방법은 four-point probe를 사용한 측정방법을 가장 많이 사용한다. 그 방법은 그림 5.1.1과 같이 4번 핀에서 1번 핀으로 전류를 흘려주고 2, 3번 핀에서 전압을 측정하고 측정된 전압을 1, 4번 핀에 흘려준 전류로 나누고 보정 상수를 곱하면 면저항을 알 수 있다.

이 방법으로 면저항을 측정하려면 four point probe에 4개의 probe 간격이 일정해야 하고 그 간격이 시료의 두께에 비해 커야 한다. 또한 시료의 크기가 probe 간격보다 10배 이상 충분히 커야 하는 등 조건이 있으며, 시료의 가로 세로의 비에 따라 측정값을 보정해야 한다.

5.2 면저항 측정을 위한 시료모양

Four point probe를 사용하지 않고 면저항을 측정하는 방법은 그림 5.2.1과 같은 시료를 준비하고 4개의 전극을 연결해서 측정하는 방법이 있다.

그림 5.2.1에 있는 시료의 세 가지 모양에서 (a)가 가장 좋고 (b)는 사용할 수 있지만 (c)는 사용할 수 없다. 그러나 (a) 모양으로 시료를 만들려면 마스크를 만들어서 시료를 준비해야 하는 별도의 공정이 필요하고, 이 시료를 면저항 측정 외에 다른 측정을 하는 데는 시료모양에 따른 제한이 있다. (b)모양의 경우는 면저항을 측정한 시료를 다른 측정을 하는 데 문제가 없어서 (b)모양으로 시료를 준비한다.

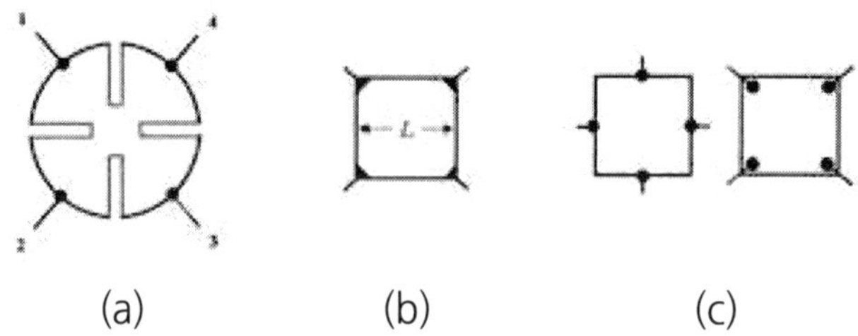

[그림 5.2.1] 면저항 측정과 시료모양

먼저 측정에 따른 전압과 전류를 정의하자.

모퉁이 1에서 2로 전류를 흘리면 이때 전류를 I_{12}라 정의 한다. 같은 방법으로 $I_{21}, I_{23}, I_{32}, I_{34}, I_{43}, I_{41}, I_{14}$를 정의 한다. 또한 모퉁이 4와 3에서 측정한 전압을 V_{43}으로 정의 하는데 모퉁이 4에 + 모퉁이 3이 −다. 즉 43에서 앞 숫자가 +이다. 같은 방법으로 $V_{34}, V_{32}, V_{23}, V_{21}, V_{12}, V_{14}, V_{41}$도 정의한다.

그림 5.2.2과 같이 모퉁이 1에서 2로 전류를 흘리면 모퉁이 1에서 2로 흐르는 전류 때문에 모퉁이 4와 3에 전압이 걸리게 된다. 이 전압을 측정하고 그 전압을 V_{43}이라 하면 측정된 전압과 흘려준 전류의 비가 저항이 되므로 이 저항을 R_A라 하면, $R_A = \frac{V_{43}}{I_{12}}$이 된다.

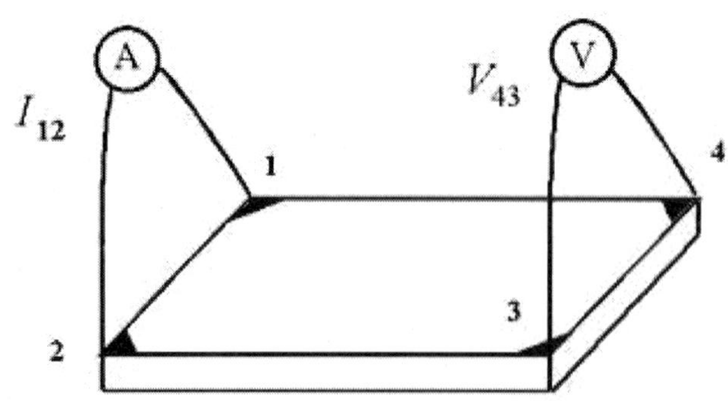

[그림 5.2.2] 저항측정을 위한 배치 1

시료가 정사각형이므로 그림 5.2.3과 같이 모퉁이 2에서 3으로 전류를 흘리고, 그 전류를 I_{23}이라 하면 모퉁이 2에서 3으로 흐르는 전류 때문에 모퉁이 1과 4에 전압이 걸리게 되고, 이 전압을 V_{14} 라 하면 마찬가지로 측정된 전압과 흘려준 전류의 비가 저항이 되고, 이 저항을 R_B라 하면, $R_B = \dfrac{V_{14}}{I_{23}}$ 이 된다.

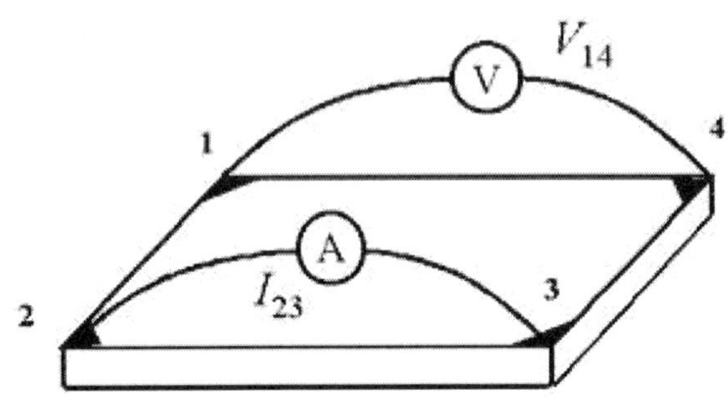

[그림 5.2.3] 저항측정을 위한 배치 2

이상적인 경우에는 $R_A = R_B$가 되지만 박막의 두께가 위치에 따라 다르거나 조성비가 차이가 있다면 두 저항값이 다르다. 일반적으로 이런 경우에 4가지 위치에서 측정한 저항값으로 평균을 구한 값과 전류의 방향을 바꾸어 측정한 저항값의 평균값과 차이가 5% 이내면 측정한 면저항 값을 신뢰할 수 있다.

시료의 4 모퉁이에 걸어주는 전류 방향과 위치, 그리고 전압을 측정하는 위치와 방향에 따른 저항을 다음과 같이 정의한다.

R_{2134}는 전류를 모퉁이 2에서 1로 흘려주고 모퉁이 3에 + 4에 −로 전압을 측정해서 측정된 전압 V_{34}를 흘려준 전류 I_{21}로 나누어서 얻은 저항값이다.

$R_{2134} = \dfrac{V_{34}}{I_{21}}$ 이다. 같은 방법으로 각 방향에서 측정한 저항을 정의하면 다음과 같다.

$$R_{1243} = \frac{V_{43}}{I_{12}}, \quad R_{3241} = \frac{V_{41}}{I_{32}}, \quad R_{2314} = \frac{V_{14}}{I_{23}}$$

$$R_{4312}=\frac{V_{12}}{I_{43}},\quad R_{3421}=\frac{V_{21}}{I_{34}},\quad R_{1423}=\frac{V_{23}}{I_{14}},\quad R_{4132}=\frac{V_{32}}{I_{41}}$$

시료가 정사각형으로 90◦대칭이 되므로 다음이 성립해야 한다.

$$R_{2134}=R_{1243}\quad R_{4312}=R_{3421}\quad R_{3241}=R_{2314}\quad R_{1423}=R_{4132}$$

또한 상반정리 (reciprocity theorem)에 의해 다음이 성립해야 한다.

$$R_{2134}+R_{1243}=R_{4312}+R_{3421}$$

$$R_{3241}+R_{2314}=R_{1423}+R_{4132}$$

따라서 $R_A=(R_{2134}+R_{1243}+R_{4312}+R_{3421})/4$로 쓸 수 있고,
$R_B=(R_{3241}+R_{2314}+R_{1423}+R_{4132})/4$로 쓸 수 있다.

측정된 R_A, R_B와 다음의 van der Pauw 방정식을 이용해서 수치해석을 하면 면저항 R_S를 얻을 수 있다.

$$\exp\left(-\Pi\frac{R_A}{R_S}\right)+\exp\left(-\Pi\frac{R_B}{R_S}\right)=1$$

실제로 이 방법을 이용해서 면저항을 측정하려면 R_{2134} 등 모두 8개의 저항을 측정해야 하고, 이를 측정하려면 각 방향으로 전류를 걸어서 전류와 전압을 측정해야 한다.

수동으로 측정할 수도 있지만, 측정회로 연결이 복잡해서 방향을 혼동할 수도 있고, 중복이나 누락 가능성이 커서 이를 자동화하는 방법으로 이 문제를 해결한다.

5.3 전류공급 위치와 전압측정 위치 선택과 연결

전류와 전압의 +와 −방향 즉, 극성을 바꾸기 위해 6p 스위치 릴레이를 사용하고 릴레이를 켜고 끔에 따라 +, - 극을 바꾸기 위해서는 그림 5.3.1과 같이 회로를 연결하면 된다.

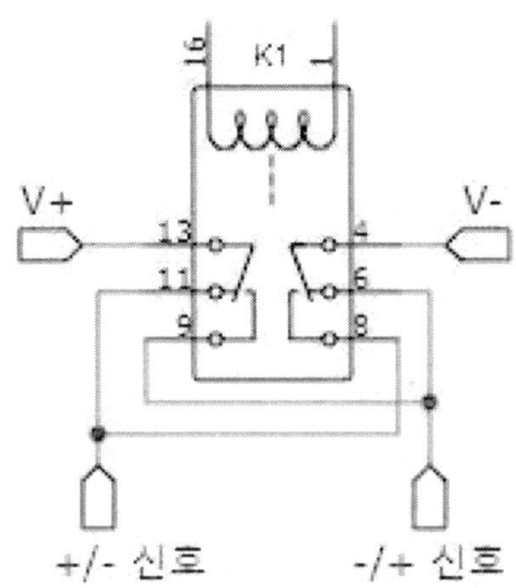

[그림 5.3.1] 신호 극성 선택회로

릴레이에 끄면 +신호는 V+에 연결되고, −신호는 V−에 연결되고, 릴레이를 켜면 +신호는 V−에 연결되고, −신호는 V+에 연결된다. 릴레이를 켜고 끄는데 따라 극성이 바뀌게 된다.

전류와 전압 모두 극성을 바꿀 필요가 있으니 두 개의 릴레이를 전압과 전류용으로 각각 연결한다. 시료에 전압을 걸거나 전류측정을 위해 연결할 모퉁이가 4개로 4개의 6p 릴레이를 이용하면 각 4개의 모퉁이에 연결할 전압과 전류 4개 선을 릴레이로 선택할 수 있도록 회로를 설계한다.

그림 5.3.2는 시료의 모퉁이 4개를 릴레이 4개를 이용해서 4개의 전압과 전류 연결선을 연결한 회로다. S1, S2, S3, S4는 시료의 모퉁이 4개를 시계방향 또는 반시계 방향으로 회전하며 번호를 정한 곳에 연결하면 된다.

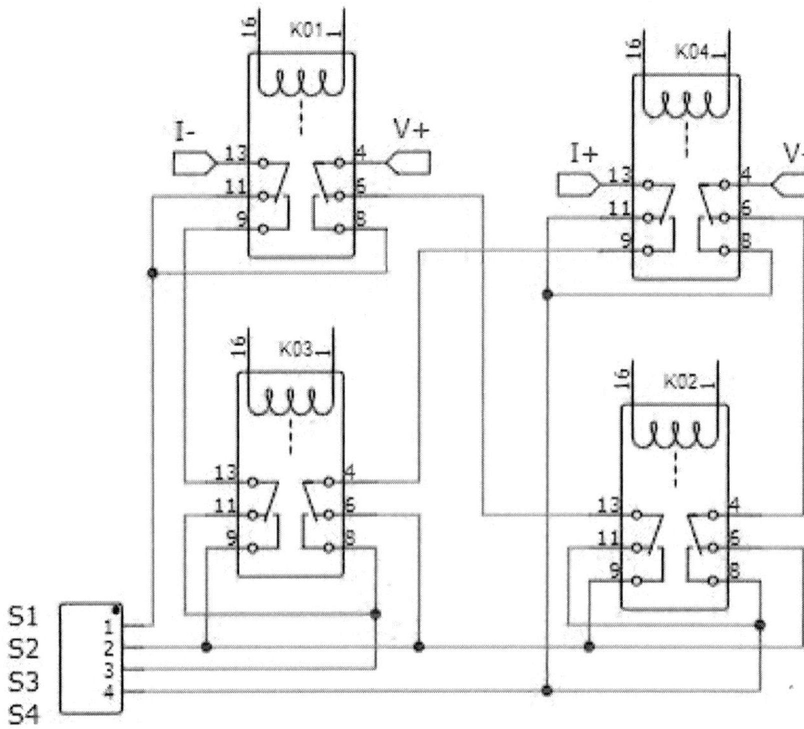

[그림 5.3.2] 시료에 전류와 전압 연결회로

그림 5.3.2 회로에 전류와 전압 모두 극을 바꿀 수 있도록 그림 5.3.1 회로를 전압과 전류에 각각 더해서 모두 6개의 릴레이로 회로를 구성한다. 이 회로는 그림 5.3.3에 있다.

그림 5.3.3 회로에서 6개의 릴레이를 각각 켜고 끔에 따라 시료에 연결될 S1, s2, s3, S4 4개 단자가 I+, I-, V+, V- 에 어떻게 연결되는지 표로 만들어야 한다. 이를 위해서 그림 5.3.3 회로를 Arduino에 연결하고 프로그램으로 릴레이를 제어하면서 이에 따른 연결을 확인하고 표로 만들면 된다.

그림 5.3.3 회로에서 릴레이를 제어하기 위해 다알링턴 트랜지스터를 연결하고 이 트랜지스터 베이스를 Arduino 포트에 연결해서 프로그램으로 제어하면 된다. 그림 5.3.4에 Arduino로 릴레이를 제어할 수 있는 완성된 회로가 있다.

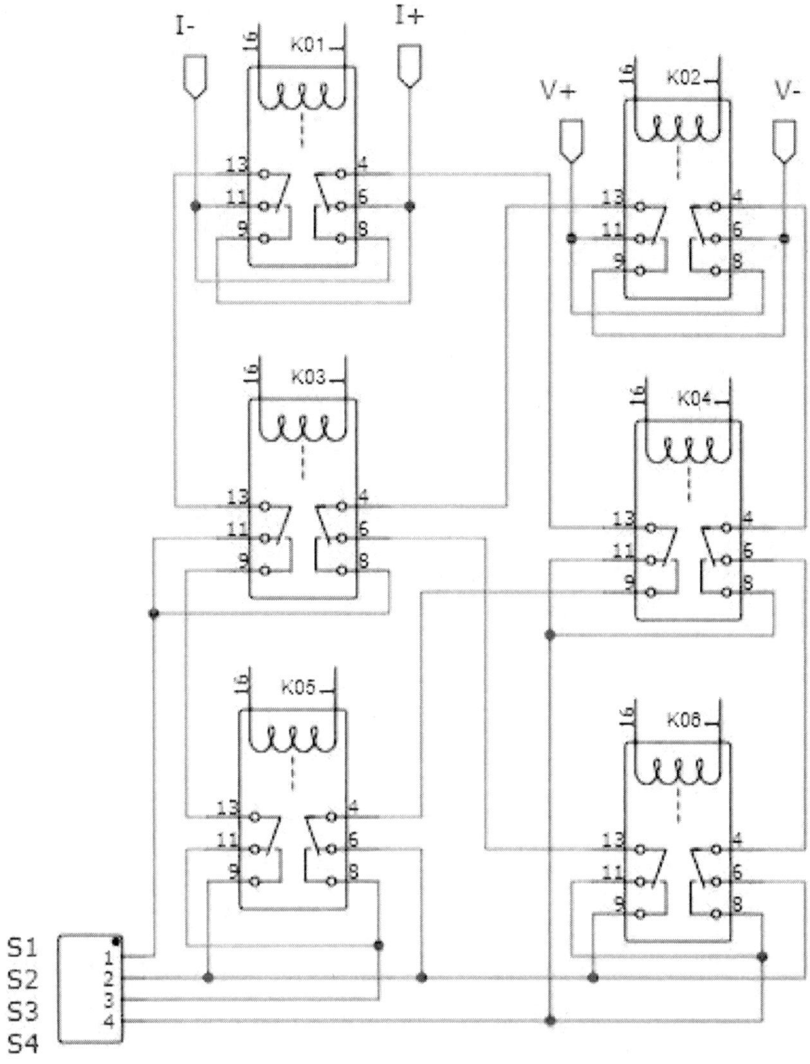

[그림 5.3.3] 시료에 전류와 전압 연결회로 2

그림 5.3.4 회로를 PCB로 만들고 부품을 조립한 것이 그림 5.3.5에 있다.

릴레이 동작에 따른 전압과 전류 신호가 시료에 연결되는 위치를 확인하기 위해서 그림 5.3.5와 같이 전압 분배기를 만들어서 4개의 전압을 각각 s1에서 s4까지 연결하고 I+, I-, V+, V- 단자 전압을 측정하면 릴레이 동작에 따라 어떻게 연결되는지를 표로 만들어서 다음 단계를 준비한다.

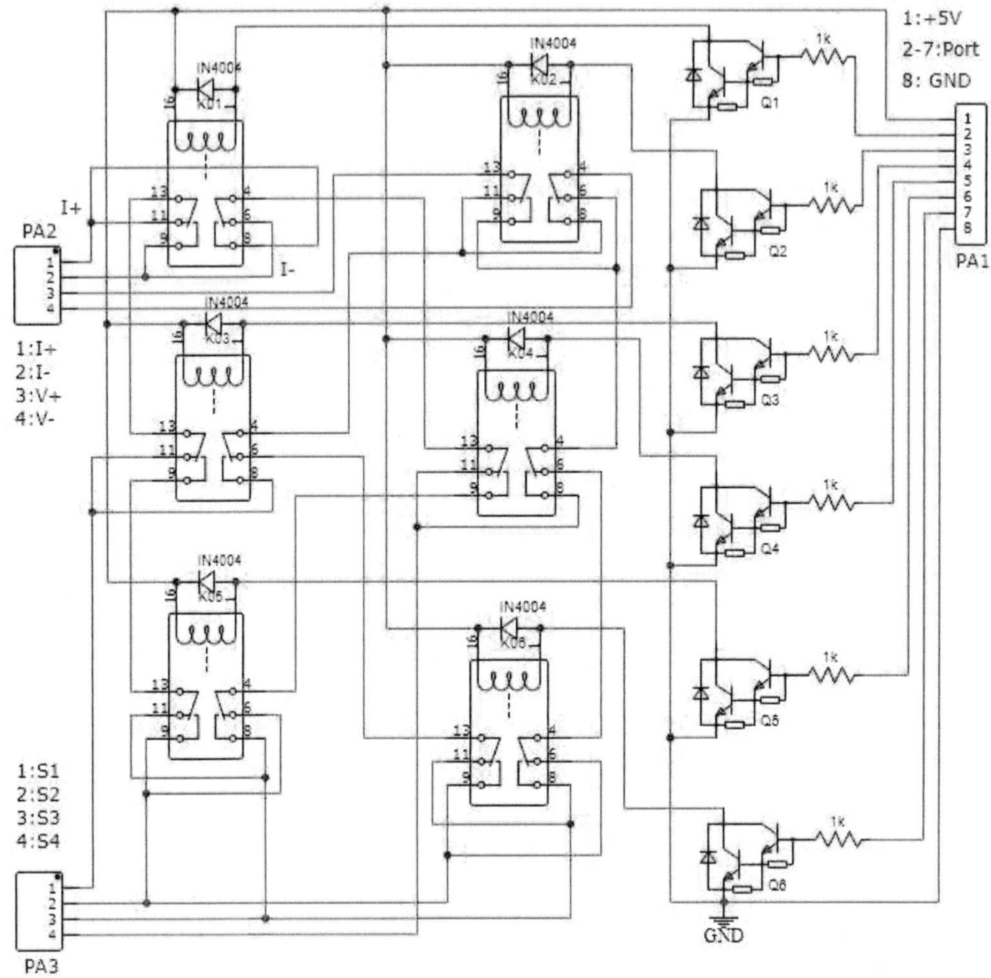

[그림 5.3.4] 시료에 전류와 전압 연결회로 3

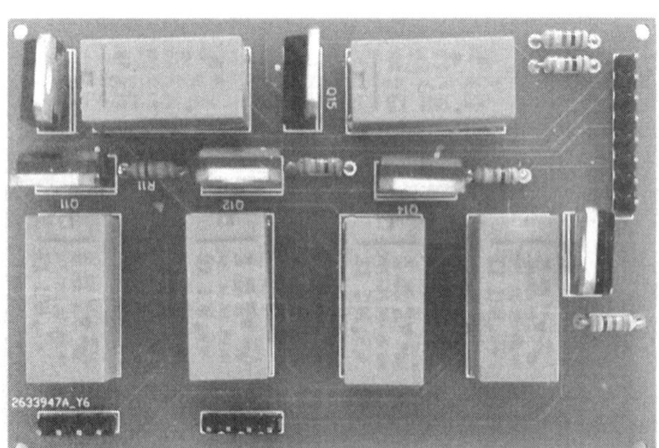

[그림 5.3.5] 그림 5.3.4 릴레이 회로의 PCB 제작과 부품 연결

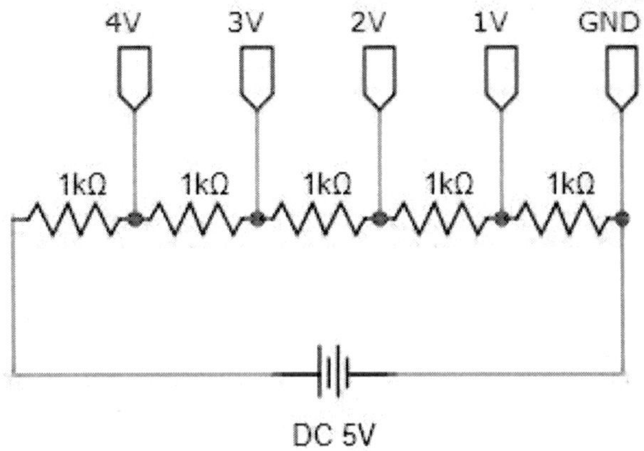

[그림 5.3.6] 전압 분배기

테스트를 위해 Arduino와 장치 연결은 다음과 같다.

그림 5.3.4 회로에서 트랜지스터에 연결된 PA1 2번에서 7번을 Arduino 2번에서 7번 포트에 연결한다. 그림 5.3.4 회로의 PA3에 1번에서 4번을 그림 5.3.6 전압 분배기 1V에서 4V까지 출력을 순서대로 연결한다.

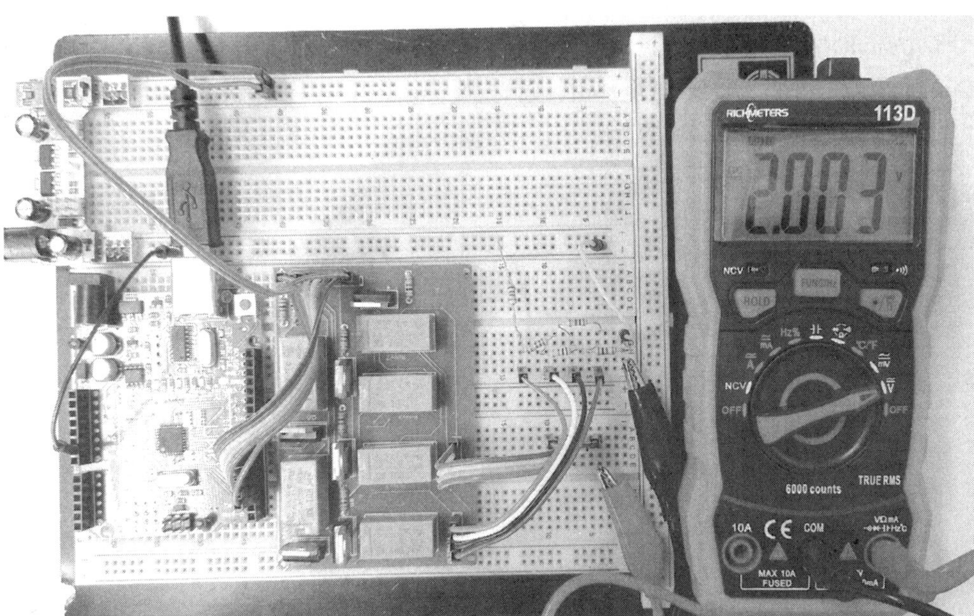

[그림 5.3.7] 릴레이 회로 테스트를 위한 연결

Arduino에 다음 프로그램을 넣고 6개 릴레이를 순서대로 하나씩 껐다 켜면서 그림 5.3.4 회로의 PA2 1번에서 4번 전압을 순서대로 측정한다. 프로그램으로 설정된 6개 릴레이 상태에서 1V 전압이 나오는 핀이 S1에 연결된 것이고 순서대로 2V ~ 4V가 나오는 핀이 S2 ~ S4에 연결된 것이다.

프로그램에서 릴레이가 연결된 포트에 0을 넣으면 릴레이가 off 되고 1을 넣으면 on이 된다. 릴레이 k1에서 k6까지 연결된 포트 값을 0 0 0 0 0 0에서 1 1 1 1 1 1까지 바꾸면서 연결된 핀 번호를 기록하고 이들 중에서 필요한 8개 조합을 골라서 사용하면 된다.

```
int i=0;
int pn, rv[6];
String inString = "";
String s;

void setup() {
  Serial.begin(115200);
  pinMode(2, OUTPUT);
  pinMode(3, OUTPUT);
  pinMode(4, OUTPUT);
  pinMode(5, OUTPUT);
  pinMode(6, OUTPUT);
  pinMode(7, OUTPUT);
}

void loop() {
    int inChar = Serial.read();
    if (isDigit(inChar)) {
      s = (char)inChar;
      rv[i]= s.toInt();
      inString += (char)inChar;
      i++;
    }
    if (inChar == '₩n') {
      Serial.print("Value:");
```

```
        Serial.println(inString);
        for(int j = 0; j < 6; j++)
        {
          pn = j+2;
          digitalWrite(pn,rv[j]);
          Serial.print(pn);
          Serial.print("     ");
          Serial.println(rv[j]);
        }
        i = 0;
        inString = "";
      }
}
```

이렇게 해서 만든 표가 표 5.1에 있다. 표에서 k1 ~ k6는 릴레이로 1은 0n, 0은 off를 의미한다. V+, V-, I+, I- 는 전압을 걸어주고 전류를 측정하는 곳이고 릴레이 동작에 따라 시료의 네 모퉁이 1, 2, 3, 4에 연결되는 것을 나타낸다.

Relay Board										
	k1	k2	k3	k4	k5	k6	I+	I-	V+	V-
R12,43	0	1	0	1	0	0	1	2	4	3
R21,34	1	0	0	1	0	0	2	1	3	4
R14,23	0	1	0	0	0	0	1	4	2	3
R41,32	1	0	0	0	0	0	4	1	3	2
R32,41	0	1	1	1	0	0	3	2	4	1
R23,14	1	0	1	1	0	0	2	3	1	4
R34,21	0	1	1	0	0	0	3	4	2	1
R43,12	1	0	1	0	0	0	4	3	1	2

〈표 5.1〉 릴레이 동작에 따른 시료와 전압전류 연결

5.4 전류측정을 위한 표준저항과 전류소스 연결회로 구성

저항측정을 위해서는 그림 5.2.2와 같이 시료에 전압을 걸어주고 반대편에서 전류를 측정해야 하는데 각 방향에 따른 연결은 표 5.1과 같이 릴레이를 동작시켜서 선택하면 된다. 시료에 흐르는 전류는 시료에 표준저항을 직렬로 연결하고, 표준저항에 걸리는 전압을 측정하고 측정된 전압을 표준저항 값으로 나누어 주면 알 수 있다.

표준저항은 1kΩ과 10kΩ 두 개를 넣고 릴레이를 이용해서 시료의 저항에 따라 표준저항을 프로그램에서 선택할 수 있도록 한다. 표준저항과 릴레이 연결회로는 그림 5.4.1에 있다

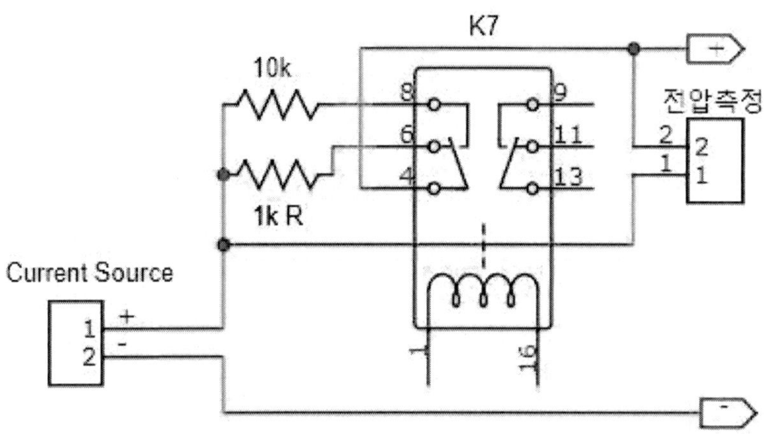

[그림 5.4.1] 릴레이를 이용한 표준저항 선택회로

5.5 면저항 측정을 위한 릴레이 보드 전체회로

그림 5.5.1에 완성된 릴레이 보드 전체회로가 있다. 릴레이 K1에서 K6까지는 그림 5.3.4 회로와 같다. 릴레이 K7은 그림 5.4.1 회로와 같이 표준저항을 선택하며, 제어 트랜지스터는 커넥터 Con3를 통해 Arduino Port 14번으로 연결된다. 릴레이 K7이 off일 때가 초깃값으로 표준저항은 1kΩ에 연결되도록 한다.

K8은 ADS1256 입력 선택 릴레이로 off일 때 전류를 측정하도록 연결되고 on일 때 전압을 측정하도록 ADS1256 입력단자와 연결된다. K8 릴레이 제어 트랜지스터는 커넥터 Con3를 통해서 Arduino Port 15번으로 연결된다.

K9은 ADS1256 캘리브레이션을 위한 입력전압 선택 릴레이로 off일 때 +2.5V가 연결되고 on일 때 0V가 연결된다. K9 릴레이 제어 트랜지스터는 커넥터 Con4를 통해서 Arduino Port 16번으로 연결된다.

K10은 ADS1256에서 캘리브레이션 또는 측정을 선택하는 릴레이로 off일 때 측정이 선택되어 ADS1256 입력단에 K8에 의해 선택된 전류 또는 전압을 측정하도록 연결된다. 릴레이가 on일 때 캘리브레이션을 할 수 있도록 K9 릴레이에 의해 선택된 +2.5V 또는 0V가 ADS1256 입력단에 연결된다.

커텍터 Con1은 Arduino 포트 2번에서 7번까지 순서대로 연결하고, 커넥터 Con3와 Con4는 Arduino 포트 14번에서 17번까지 순서대로 연결한다.

커넥터 Con2는 시료와 연결하는 단자로 1, 2, 3, 4 순서대로 시료의 네 모퉁이를 연결하면 된다.

커넥터 Con5에 1, 2번 단자는 ADS1256 측정 입력단자를 연결한다. 2번이 + 이고 1번이 −이다. 4번 단자는 ADS1256에 있는 +2.5V 기준 전압 단자와 연결하고 3번은 ADS1256의 GND와 연결한다.

커넥터 Con5에 5, 6번 단자는 전류 소스를 연결하는 단자로 6번에 + 5번에 − 를 연결한다. 여기서는 전류 소스로 알칼리 건전지 두 개를 직렬 연결한 3V 전원을 사용한다.

회로에 커넥터 번호가 없는 V+ V−, I+ I−단자는 측정 전압과 전류를 모니터하는 단자로 처음 회로를 만들고 시험할 때 필요하며 측정에 사용하지 않는다.

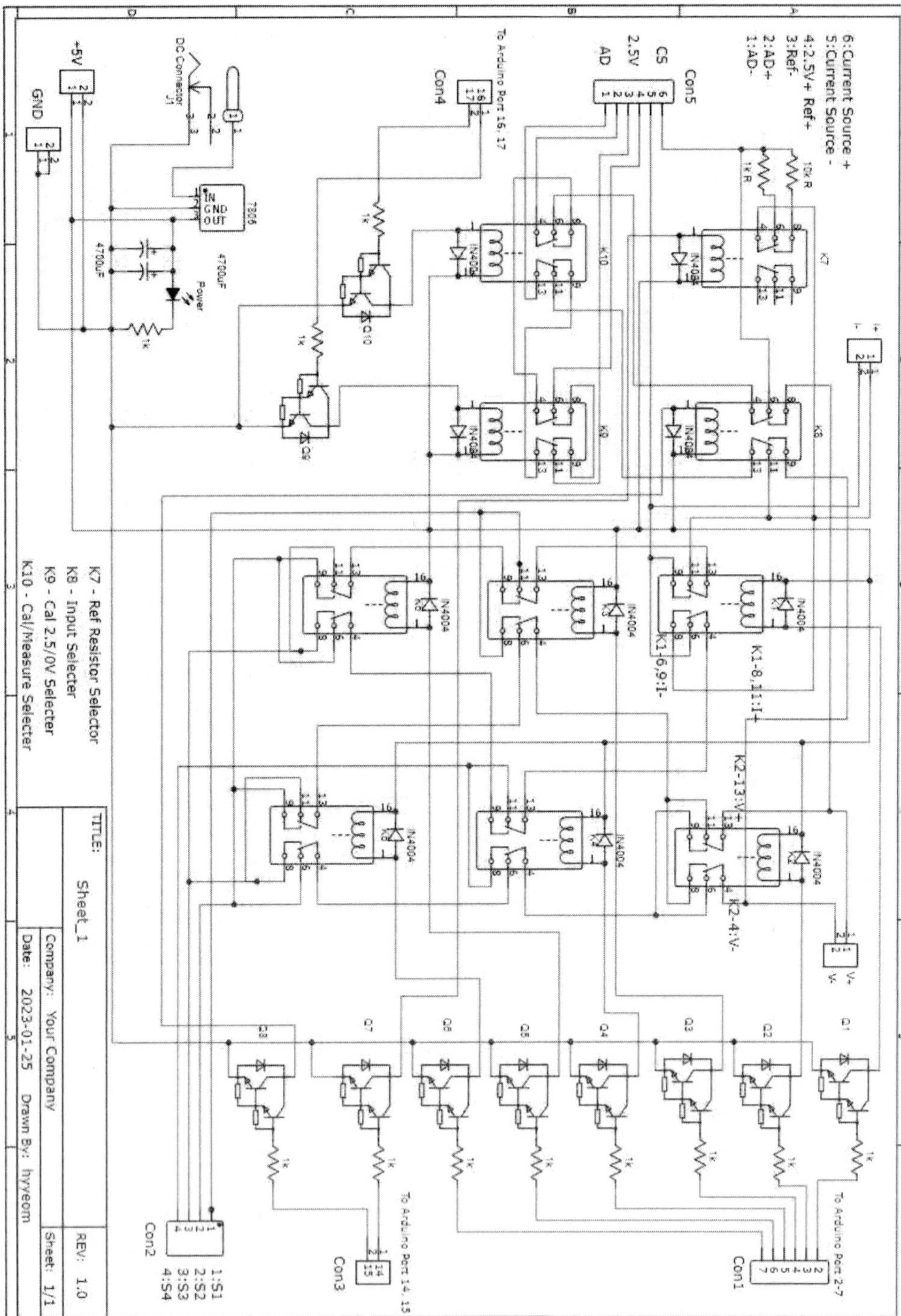

[그림 5.5.1] 면저항 측정을 위한 릴레이 보드 전체 회로

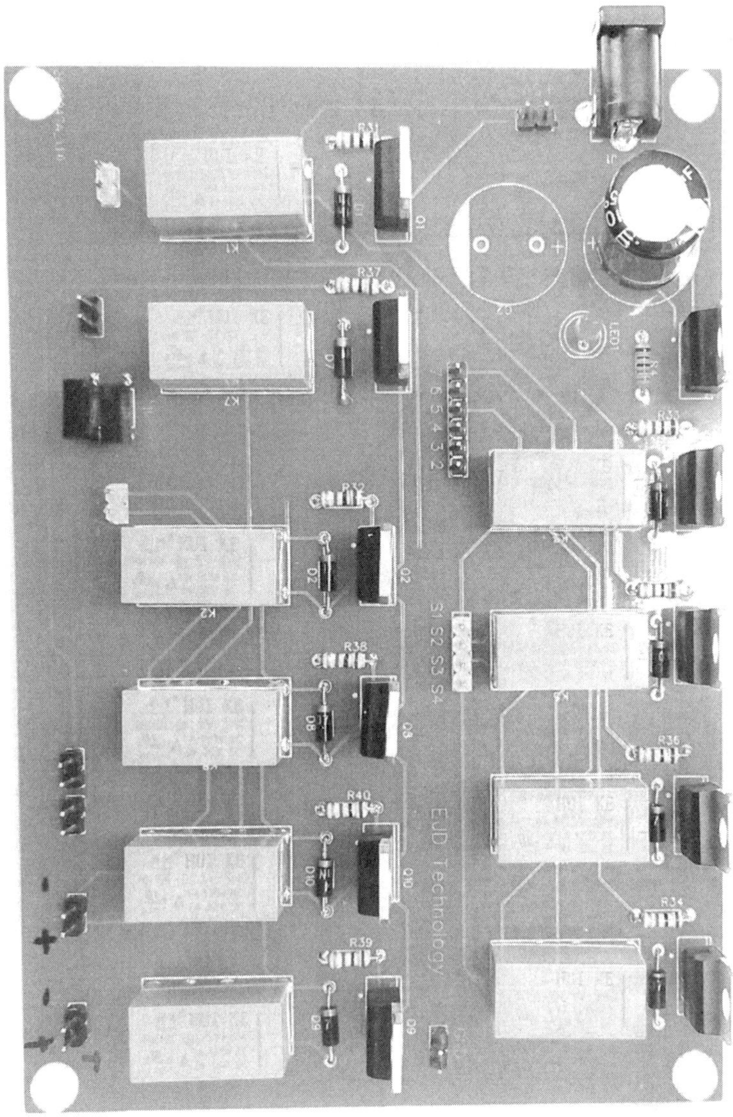

[그림 5.5.2] 면저항 측정을 위한 릴레이 보드

5.6 면저항 측정장치 제작

면저항 측정장치는 Arduino와 ADS1256 24비트 A/D 컨버터 그리고 5.5절에서 준비한 릴레이 보드를 연결하고 프로그램하면 완성할 수 있다.

그림 5.6.1에 완성된 면저항 측정장치 사진이 있다.

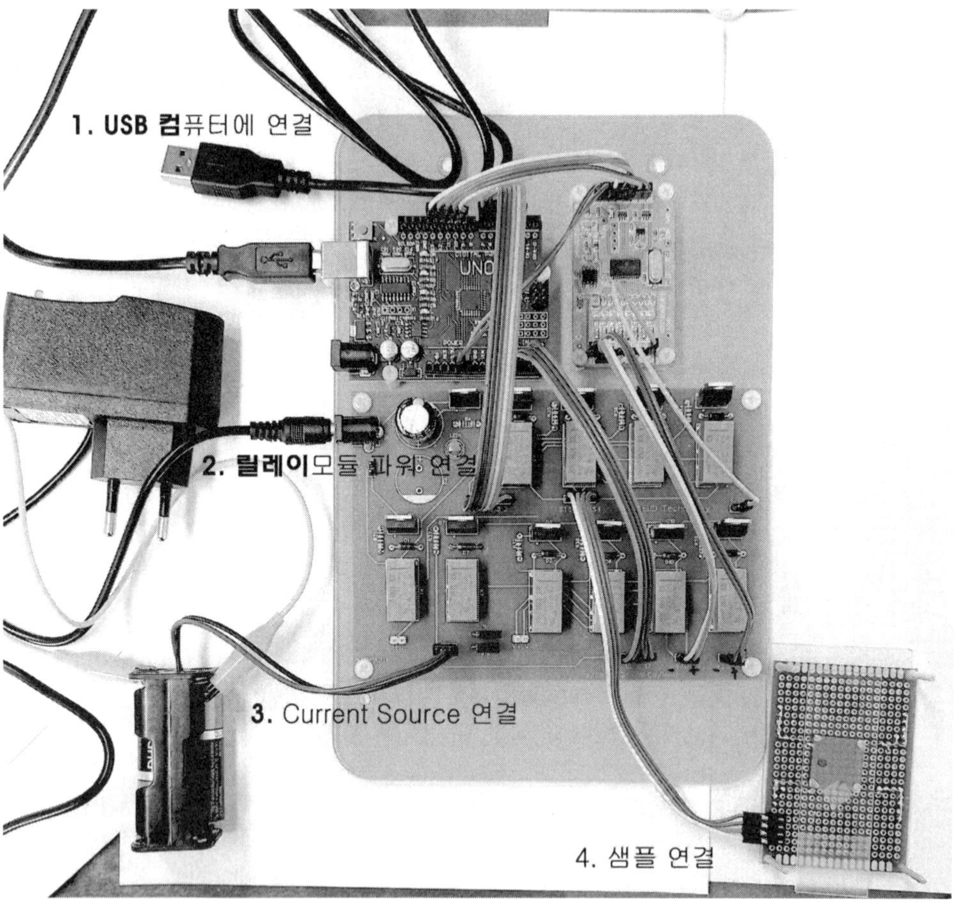

[그림 5.6.1] 면저항 측정장치 전체 연결도

Arduino와 ADS1256 24비트 A/D 컨버터 연결은 그림 5.6.2와 같이 한다.

Arduino 9번에서 13번 포트는 ADS1256과 연결한다. ADS1256 핀 배치와 연결은 2장 3절의 ADS1256 설명을 참고하라.

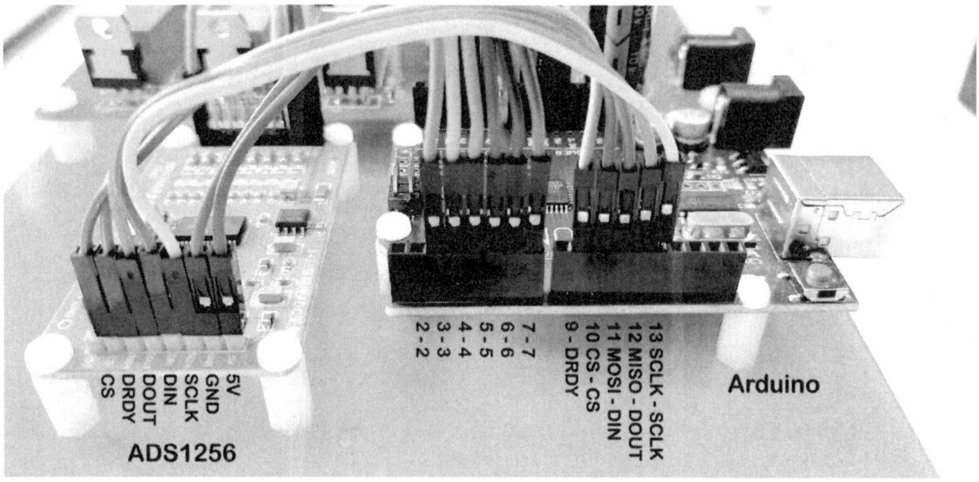

[그림 5.6.2] Arduino와 ADS1256 24비트 A/D 컨버터 연결

그림 5.6.2와 5.6.3과 같이 ADS1256 5V 전원은 Arduino 5V 단자와 연결해서 공급받는다. 그림 5.6.4에서 Arduino 2 ~ 7번 포트는 릴레이 보드 커넥터 Con1과 연결한다.

[그림 5.6.3] Arduino에서 ADS1256 전원연결

그림 5.6.4에서 Arduino A0-A3로 표시된 아날로그 입력 포트를 14번에서 17번 포트 번호를 사용하면 일반 디지털 포트로 쓸 수 있다. 이 포트를 릴레이 보드의 커넥터 Con3과 Con4에 14번에서 17번까지 연결하면 된다.

[그림 5.6.4] Arduino 포트와 릴레이 보드 포트 연결

[그림 5.6.5] ADS1256 입력단자와 기준 전압 단자 위치

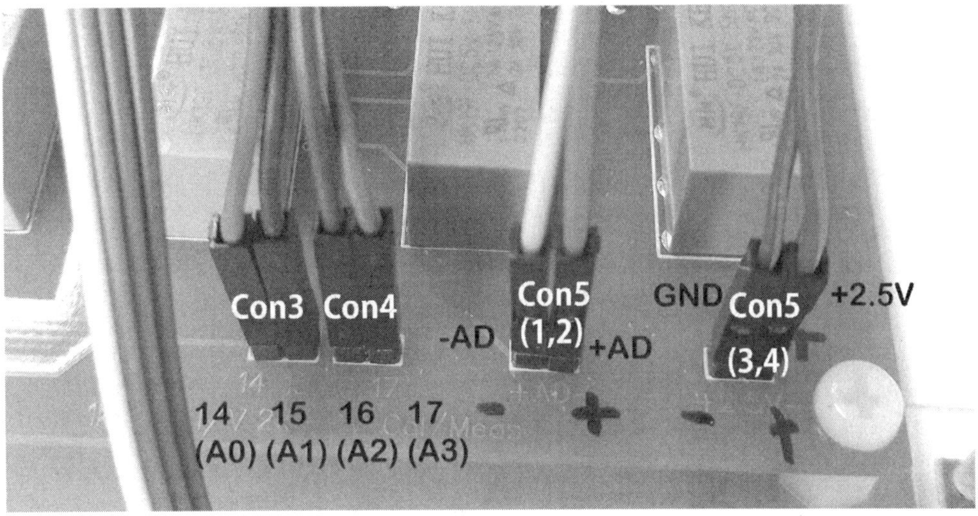

[그림 5.6.6] 릴레이 보드 커넥터 Con3, Con4, Con5

그림 5.6.5의 ADS1256의 2.5V 기준 전압 단자를 그림 5.6.6 릴레이 보드 커넥터 Con5 3,4번 단자와 연결하고, 그림 5.6.5의 ADS1256의 입력 단자 AD+ 와 AD-를 그림 5.6.6 릴레이 보드 커넥터 Con5 1, 2번 단자와 연결한다.

[그림 5.6.7] 릴레이 보드 전류소스 연결

전류소스는 그림 5.6.7과 같이 릴레이 보드 커넥터 Con5 5, 6번 단자에 연결한다.

시료를 연결할 수 있는 장치를 그림 5.6.8과 같이 만들어서 시료를 연결하고, 커넥터를 이용해서 그림 5.6.4의 릴레이 보드 Con2에 연결한다.

[그림 5.6.8] 시료 연결장치

5.6.1 Arduino 프로그램

Arduino측 프로그램 구성은 PC에서 측정 명령을 받아 각 측정조건에 맞게 릴레이 보드를 제어하고, ADS1256에 명령을 보내 전압과 전류를 측정하고 받은 데이터를 PC로 보내게 된다. 따라서 프로그램은 PC와 통신하는 부분과 명령을 해독하는 부분, 명령에 따라 릴레이 보드를 제어하는 부분, ADS1256과 통신하는 부분, ADS1256에 명령을 보내고 데이터를 읽는 부분 등으로 크게 5부분으로 구성된다.

PC와 통신하는 부분은 3장 4절에 설명한 PC와 통신 부분을 사용하고, ADS1256를 제어하는 부분은 2장 3절의 24비트 A/D 컨버터 ADS1256에서 설명한 부분을 사용하면 된다.

프로그램을 보면 릴레이 제어를 위해 다음과 같이 정수 배열을 정의했다.

```
int r1243[6] = {0,1,0,1,0,0};
int r2134[6] = {1,0,0,1,0,0};
int r1423[6] = {0,1,0,0,0,0};
int r4132[6] = {1,0,0,0,0,0};
int r3241[6] = {0,1,1,1,0,0};
int r2314[6] = {1,0,1,1,0,0};
int r3421[6] = {0,1,1,0,0,0};
int r4312[6] = {1,0,1,0,0,0};
int r0000[6] = {0,0,0,0,0,0};
```

이것은 시료에 전류를 걸어주고 전압을 측정하는 위치를 릴레이 상태에 맞게 정해놓은 9개의 정수 배열을 정의한 것이다. 포트 2번에서 7번에 각 배열에 정해놓은 값을 넣으면 r1243의 경우 시료 모퉁이 1, 2번에 전류를 걸고 3, 4번에서 전압을 측정하도록 릴레이가 설정된다.

```
void swBox(int sw[6])
{
  int pn;
  for(int j = 0; j < 6; j++)
  {
    pn = j+2;
    digitalWrite(pn, sw[j]);
  }
}
```

swBox 프로그램에 정수 배열을 넣으면 2번 포트에서 7번 포트까지 정수 배열 값대로 포트를 설정해서 릴레이가 원하는 측정을 할 수 있도록 한다.

```
if (Serial.available() > 0)
  {
    char in_Char = Serial.read();
    switch (in_Char)
```

프로그램이 시작되면 시리얼 포트로 신호가 들어오는 것을 기다리고 들어온 명령에 따라 동작한다. 명령이 들어오면 case 구문을 이용하여 명령을 구분하고 명령에 따라 동작하도록 한다.

```
case 'i':
        Serial.println("Initialization ...");
        initialize_SPI();
        delay(100);
        reset_ADS1256();
        delay(100);
        digitalWrite(16, 1); //0V
        digitalWrite(17, 1);
        delay(500);
        updateRegisters();
        delay(10);
        digitalWrite(16, 0);
        digitalWrite(17, 0);
        Serial.println("Initialization finished!");
        break;
```

시리얼 포트로 I가 들어오면 이것은 초기화(initialize)하라는 명령으로 ADS1256를 초기화하고 릴레이를 초기 상태 값으로 모두 설정한다.

```
case '1':
        swBox(r2134);
        delay(swDelay);
        readData();
        break;
case '2':
        swBox(r1243);
        delay(swDelay);
        readData();
        break;
```

1 명령은 r2134 값을 측정하라는 의미로 릴레이를 2134로 설정하고 1초를 기다린 후 readData() 를 부른다.

```
void readData()
{
  digitalWrite(15,LOW); // I
  delay(1000);
  for(int i = 0; i < rCnt; i++)
  {
    read_AD();
  }
  digitalWrite(15,HIGH); // V
  delay(1000);
  for(int i = 0; i < rCnt; i++)
  {
    read_AD();
  }
}
```

readData()에서는 전압과 전류를 측정하는데 이미 릴레이 설정대로 시료 모퉁이 2, 1에서 전류를 측정하는데 10개 데이터를 읽어서 평균값을 사용한다. 마찬가지로 모퉁이 3, 4에서 전압을 10개 읽어서 평균값을 사용한다.

```
void read_AD()
{
  adData = 0;
  digitalWrite(CS, LOW);
  while (digitalRead(DRDY))
  {
      delayMicroseconds(10);
  }
  SPI.beginTransaction(SPISettings(2000000, MSBFIRST, SPI_MODE1));
  SPI.transfer(0x01);
  delayMicroseconds(10);
  adData |= SPI.transfer(0x0F);
  adData <<= 8;
  adData |= SPI.transfer(0x0F);
  adData <<= 8;
  adData |= SPI.transfer(0x0F);
  digitalWrite(CS, HIGH);
  SPI.endTransaction();
  c_Volt(adData);
}
```

read_AD()에서는 ADS1256에서 보낸 24비트 데이터를 읽는다.

5.6.2 PC 프로그램

```
using System.Threading;
```

Arduino와 PC 사이의 통신은 비동기 시리얼 통신을 사용하므로 PC 측 프로그램에는 스레드를 사용한다. 프로그램에는 PC에서 명령을 보내고 데이터를 받기 위해 기다리는 부분이 있는데 스레드를 사용해서 이 부분을 분리하지 않으면 통신을 기다리는 동안 키나 마우스 입력 등 프로그램에서 다른 아무것도 할 수 없다. 이 문제를 해결하기 위해 통신 부분은 스레드를 이용해서 프로세스를 분리한다.

PC에서 Arduino로 초기화 명령을 주는 부분에서 스레드를 시작하고 그 안에서 초기화 명령을 주고 결과 데이터를 받아서 PC에 표시한다.

```
ti = new Thread(new ThreadStart(init));
ti.Start();
private void init()
        {
            serialPort1.WriteLine("t"); //Connection Check
            data0 = serialPort1.ReadLine();
            if (data0 == "OK₩r")
            {
               ......................
              }
        }

측정하는 부분에서 8개 방향을 모두 측정한다.
private double Measurement(int cnt)
{
  ............
        R2134 = new SRData();
              R2134 = R4("1", standardR, cnt + 1);
              r2134 = R2134.resistance;
```

```
            Thread tr2134 = new Thread(() => SettbSR2134(Rdisplay(r2134)));
            tr2134.Start();
            textTemp = textTemp + R2134.refData;
            Thread tmon1 = new Thread(() => SettbMonitor(R2134.refData));
            tmon1.Start();
  ...........
}
```

측정한 데이터를 van der Pauw 방정식에 넣어 수치 해석을 하면 면저항을 얻는다.

```
private double Measurement(int cnt)
{
  ............
  ............
   e1 = 100.0 * ((r2134 + r1243) - (r4312 + r3421))/((r2134 + r1243 + r4312 +
        r3421)/4);
            if (e1 < 0)
                e1 = e1 * (-1.0);
            es1 = e1.ToString("0.0 %");
            Thread te1 = new Thread(() => SettbE1(es1));
            te1.Start();
            e2 = 100.0 * ((r3241 + r2314) -
                 (r1423 + r4132))/((r3241 +r2314 + r1423 + r4132)/4);
            if (e2 < 0)
                e2 = e2 * (-1.0);
            es2 = e2.ToString("0.0 %");
            Thread te2 = new Thread(() => SettbE2(es2));
            te2.Start();

            sym = "";
            sym = "(r2134 + r1243) - (r4312 + r3421) : " + es1 +
                    "₩r₩n(r3241 + r3421) - (r1423 + r4132) : " + es2 + "₩r₩n";
            textTemp = textTemp + sym;
            textTemp = textTemp +
             "----------------------------------------₩r₩n";
            RA = (r2134 + r1243 + r4312 + r3421) / 4;
            RB = (r3241 + r2314 + r1423 + r4132) / 4;
```

```
            RB = (r3241 + r2314 + r1423 + r4132) / 4;

            zj = 2 * Math.Log(2) / (phi * (RA + RB));
            delta = 1;
            zi = 0;
            while (delta > 0.0005)
            {
                y = 1 / (Math.Exp(phi * zj * RA)) + 1 / (Math.Exp(phi * zj * RB));
                zi = zj - ((1 - y) / phi) / (RA / (Math.Exp(phi * zj * RA)) + RB
                    / (Math.Exp(phi * zj * RB)));
                delta = (zi - zj) / zi;
                zj = zi;
            }
            inext = 1;
            return 1 / zi;
}
```

5.6.3 사용방법

만일 박막 시료가 준비가 안 되었다면 먼저 그림 5.6.3.1과 같이 저항 4개를 브리지 모양으로 연결해서 테스트해도 된다.

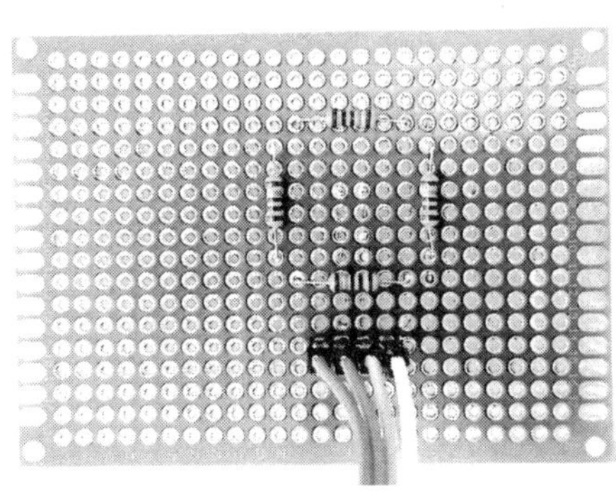

[그림 5.6.3.1] 시험용 저항

PC와 Arduino가 통신하기 위해서 PC에 USB로 연결된 com port 번호를 알아야 한다. 먼저 Windows 11 Search에서 device manager를 찾아서 실행한다.

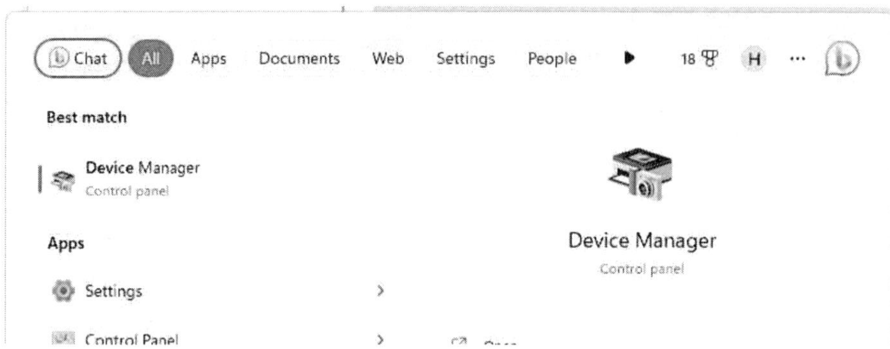

[그림 5.6.3.2] 디바이스 매니저 찾기

Device Manager 에서 Port (COM & LPT)를 열면 CH340으로 연결된 포트가 연결된 포트다. 그림 5.6.3.3에서 COM3으로 연결됨을 확인한다.

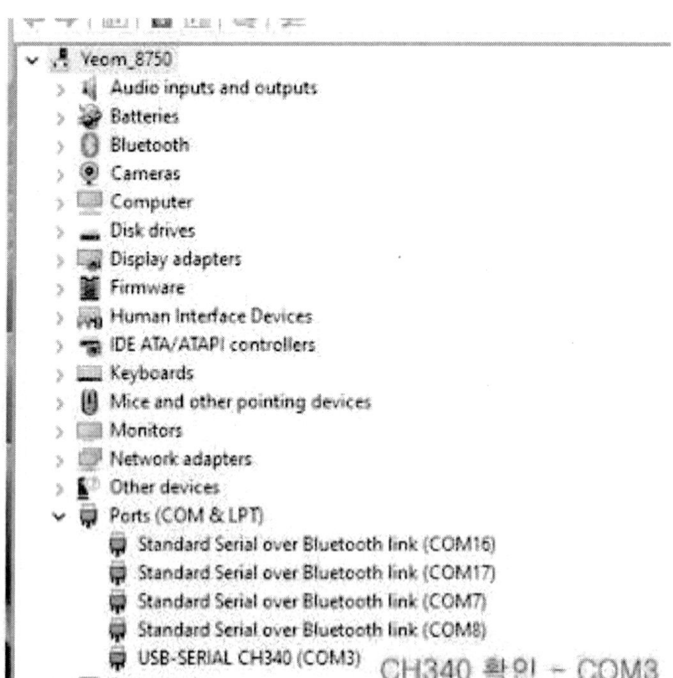

[그림 5.6.3.3] 포트 번호 찾기

모든 연결이 확인되면 Setup.exe로 설치하고 실행한다. 프로그램을 실행하면 그림 5.6.3.4와 같은 창이 열린다.

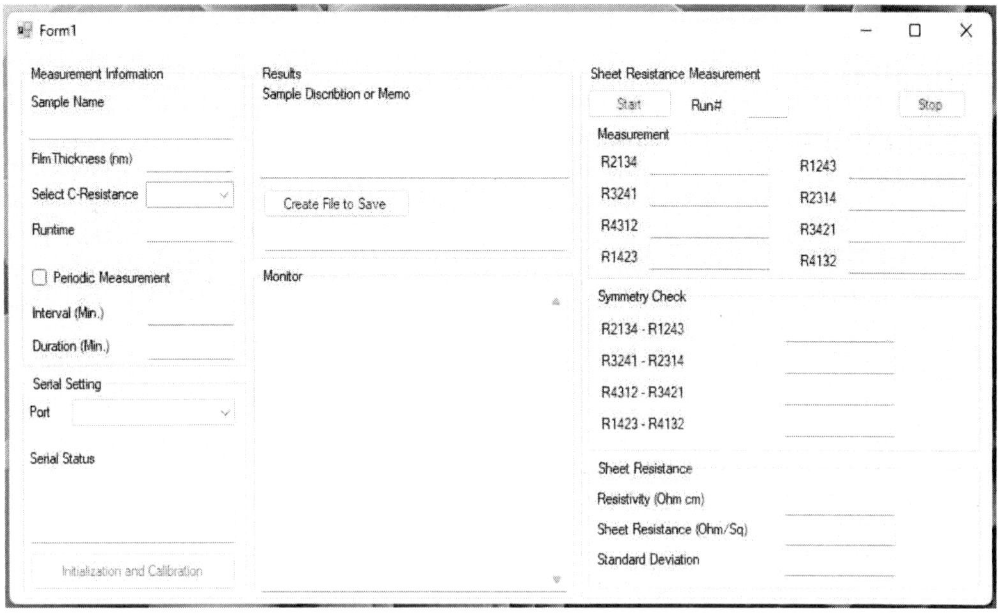

[그림 5.6.3.4] 프로그램 실행화면

시료 이름과 두께 등 기본 정보를 입력하고 Select C-Resistance는 1k 와 10k중 하나를 선택한다. 시료 저항이 매우 크면 10k를 선택하고 보통은 1k를 선택하면 된다. Runtime은 측정 횟수로 결과는 평균값으로 표시된다. 한번 측정하는데 1분 5초 정도가 소요된다.

온도 등 측정조건을 바꾸면서 주기적으로 오랜 시간 동안 측정해야 하는 경우가 있다. 이런 경우 Periodic Measurement에 체크를 하면 Runtime값은 무시되고 interval 값(10 이면 10분 간격으로 측정)에 의해 같은 시간 간격으로 측정한다. 측정하는데 1분이 조금 더 걸리므로 Interval 값은 2분이 최소값이다. Duration은 얼마 동안 측정할지 분으로 넣으면 된다. 10시간을 측정한다면 600을 넣는다.

그림 5.6.3.5에서 Port는 앞에서 확인한 COM3를 선택하면 창에 COM3 is Ready가 표시된다.

만일 에러가 표시되면 port close 버튼을, 누르고 다시 COM3를 선택하면 COM3 is Ready가 표시된다. 만일 COM3 is Ready가 나타나지 않으면 프로그램을 종료하고 모든 연결을 확인한 후에 다시 프로그램을 실행하면 된다.

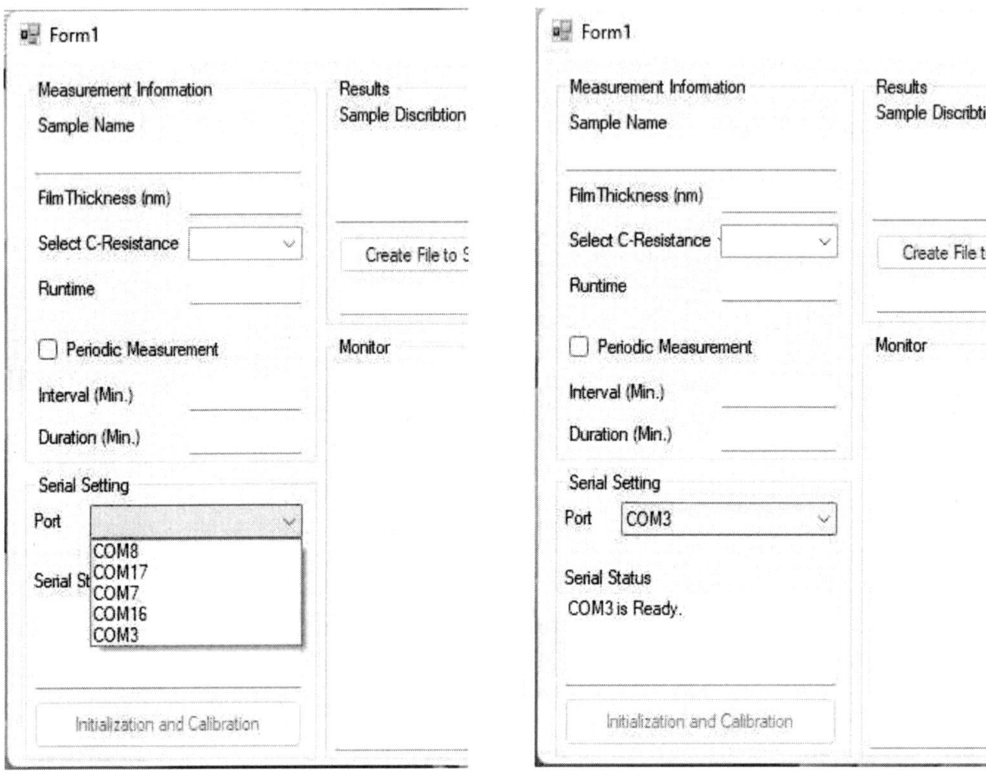

[그림 5.6.3.5] 통신 Port 선택

COM3 is Ready가 뜨고 통신에 이상이 없다면 Initialization and Calibration 버튼을 누른다.

다른 이상이 없다면 측정 준비가 되었다는 메시지를 볼 수 있다. 실험 메모 등이 필요하면 적어 넣으면 되고, Create File to Save 버튼을 누르고 원하는 폴더에 원하는 파일 이름을 적는다. 확장자는 자동으로 txt가 들어 간다.

이제 Start 버튼을 누르면 측정이 시작되고, Stop 버튼을 누르면 하던 측정이 모두 끝난 후에 프로그램이 정지한다.

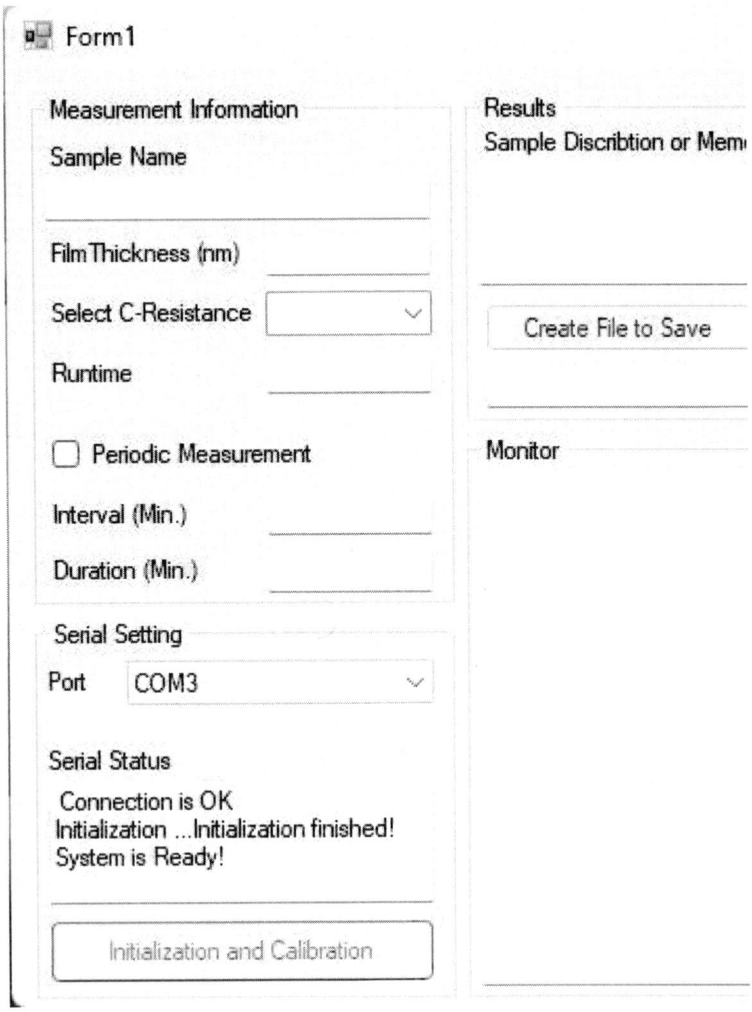

[그림 5.6.3.6] 장치 초기화

5.6.4 시험결과

다음은 시험용 저항으로 시험한 결과다.

전류소스 전압을 다르게 하고 표준저항을 다르게 해서 측정한 결과 측정장치에 문제가 없음을 확인했다.

소스 전압(V)	표준저항(kΩ)	Sheet Resistance (면저항 Ω/sq)	Resistivity (비저항 Ωcm)
3	1	1.136339×10^5	1.136339
1.5	10	1.136367×10^5	1.136367

〈표 5.6.4.1〉 시험용 저항 측정결과

DC 마그네트론 스퍼터링으로 제작한 Tin Oxide 시료를 시험한 결과다.
박막 두께는 105.69nm이다.
Runtime은 5회로 프로그램에서 출력한 데이터를 그대로 넣었다.

```
Thickness(nm) : 105.69

Sheet Resistance
01    1.8441E05
02    1.844E05
03    1.8434E05
04    1.8432E05
05    1.8425E05

Resistivity(Ohm cm) : 1.948340E+000
Sheet Resistance(Ohm/cm2) : 1.843448E+005
Standard Deviation : 6.588820E+001
```

● **면저항 측정장치에 대한 자료가 필요하신 분은 hyyeom@gmail.com으로 연락하시면 됩니다.**

실험에 필요한 측정과 제어

2023년 8월 20일 1판 1쇄 발행

저 자 염 효 영
발행인 남 승 우

발행처 도서출판 상尙 학學 당堂
서울특별시 동작구 사당로9가길 6
TEL : 02) 595-1692~4
FAX : 02) 595-1394
E-mail : shdbooks@naver.com
신고 : 2-155호 (1968. 11. 29)

정가 22,000원

ISBN 978-89-6587-239-9 93560